国家自然科学基金青年基金项目（51508266）

西藏西部地区后弘期宗教建筑

宗晓萌　汪永平·著

东南大学出版社
SOUTHEAST UNIVERSITY PRESS
·南京·

图书在版编目(CIP)数据

西藏西部地区后弘期宗教建筑 / 宗晓萌,汪永平著
. —南京 :东南大学出版社,2024.1
ISBN 978 - 7 - 5641 - 9724 - 7

Ⅰ. ①西… Ⅱ. ①宗… ②汪… Ⅲ. ①宗教建筑-古
建筑-建筑艺术-西藏 Ⅳ. ①TU-092.2

中国国家版本馆 CIP 数据核字(2023)第 204404 号

责任编辑:贺玮玮　戴丽　　　　责任校对:张万莹　　　　封面设计:王玥　　　　责任印制:周荣虎

西藏西部地区后弘期宗教建筑
Xizang Xibu Diqu Houhongqi Zongjiao Jianzhu

著　　者:宗晓萌　汪永平
出版发行:东南大学出版社
出 版 人:白云飞
社　　址:南京市四牌楼 2 号　　邮编:210096
网　　址:http://www.seupress.com
经　　销:全国各地新华书店
印　　刷:南京凯德印刷有限公司
版　　次:2024 年 1 月第 1 版
印　　次:2024 年 1 月第 1 次印刷
开　　本:787 mm×1092 mm　1/16
印　　张:10
字　　数:240 千字
书　　号:ISBN 978-7-5641-9724-7
定　　价:59.00 元

前 言
PREFACE

西藏西部地区历史悠久，是藏族古老文明的发祥地之一。在该地区发现的旧石器时代晚期以及新石器时代的打制石器，证明了这里很早就有了人类的活动。该地区历史记载的象雄，是由原始社会发展而来的一个强大的部落联盟，曾雄霸青藏高原大部分地区。虽然时至今日，该地域已远远小于象雄的疆域，但作为曾经的象雄中心地带，依旧保留了象雄最珍贵的文化。随着象雄的灭亡、各部落的分崩离析、吐蕃王朝的强盛，以及西藏地方政府的成长，象雄曾经的文明被逐渐掩盖，而象雄文化也是现今很多学者与专家努力发掘的内容。

西藏西部地区海拔较高，自然环境独特，催生出因地制宜的建筑。从古象雄开始，这里便有着"穴居"的传统，时至今日该地区仍然有不少洞窟与人工建造相结合的各类建筑，包括民居和宗教类的建筑。这可以说是古代象雄建筑形式的延续和发展，用建筑记叙着象雄的古老文明，这样富有特色的建筑是宝贵的历史文化遗产及旅游资源。

西藏西部地区宗教文化源远流长，诞生了西藏古老的本土宗教——本教，并通过强大的象雄势力向周边地区扩散传播。其境内的冈底斯山，被印度教、佛教等教派认定为世界的中心、宗教的中心、精神的中心，更是本教的发源地，具有重要的宗教地位。藏传佛教后弘期，西藏西部地区积极弘法，统治阶级大力倡导佛教，并不惜重金迎请高僧讲法，社会民众虔诚信佛，具备了佛教发展壮大的社会基础，成为藏传佛教发展的重要道场，为整个西藏地区的弘法作出巨大贡献。

喜马拉雅山脉地区宗教文化深厚，本教发源的冈底斯山、佛教发源的蓝毗尼，分布在喜马拉雅山脉的两侧，各自形成两个强势的宗教文化圈，周边地区均受到过这两种宗教文化的熏陶，而本教与佛教之间也相互渗透。现今，佛教在印度逐渐衰弱，但该地区形成的优秀佛教艺术文化却影响深远。紧邻喜马拉雅山脉的西藏西部地区的群众，深受该地区各种风格艺术的感染，建造了大量精美的宗教建筑。

任何一种文化，在发展到一定程度的时候，都会向其周边地区进行辐射，继本教、佛教之后，成长起来的藏传佛教亦是如此，西藏西部地区成为藏传佛教文化继续向西部传播的宗教中心。

西藏具有重要且独特的地理优势,内连新疆、青海、四川等省市,外接印度、尼泊尔、不丹等国家及地区,据史料记载,西藏与相邻各国至少具有 4 000 多年的文化交流及贸易往来发展史。2015 年,国家就已经将西藏纳入了丝绸之路经济带,这既是对其贯通中外重要枢纽作用的认可与重视,也是提升其文化影响力的重要契机。

西藏西部地区的宗教建筑与广袤的高原大地融为一体,以其独特的神秘性、艺术性,真实地记录了当地富有民族特色的宗教文化千百年来的发展变化。笔者借助本书,提出个人在现阶段对西藏西部地区宗教建筑发展及特点的分析,希望能够为众多学者探索西藏传统建筑做一些铺垫,不当之处还请各位专家不吝赐教。

目　录

CONTENTS

第1章
西藏西部地区概述

西藏西部地区为藏族古老文明的发祥地,也是藏族本土宗教——本教的发源地,又是藏传佛教后弘期的发端地之一;该地区自然地理环境独特,建筑样式有别于西藏其他地区;该地区位置特殊,是东西方之间的连接地带、多种文化的交汇处。西藏西部地区的宗教建筑年代久远、形式多样,体现着不同文化、不同宗教的相互融合,具有很高的研究价值,但是,由于自然环境等方面的制约,针对该地区宗教建筑历史、构造、装饰等方面的全面、系统研究仍然匮乏,加之许多珍贵的宗教建筑遗存保留现状并不好,因此对该地区建筑的研究应提上日程,本书主要记录了该地区宗教建筑的特点,为后期的深入研究提供资料参考。

1.1　名称由来

西藏西部地区,简称"藏西",古文献称"大羊同",其范围大致相当于现今西藏自治区的阿里地区。目前,藏学家普遍认为,这里在公元7世纪以前是一个强大的部落联盟王国——"象雄"所在地。根据汉文史籍的记载,不同朝代对该地区的称呼不同。该地区9世纪前被称为"大羊同"[①],元代被称为"纳里速古鲁孙",明代被称为"俄里思",清代被称为"阿里"。

1.2　自然概况

西藏西部地区是喜马拉雅山脉、冈底斯山、喀喇昆仑山脉和昆仑山脉相汇聚的地方,平均海拔高度约4 500米,有"世界屋脊之屋脊"的称号。该地区高山及河流较多,有"万山之祖"及"百川之源"的称号,其地形和气候多样,较为复杂,拥有数座6 000米以上的高峰,其中素有"神山"之称的冈仁波齐峰(6 714米)便是冈底斯山的主峰。冈底斯山与喜马拉雅山脉平行,呈西北—东南走向,西起喀喇昆仑山脉东南部的萨色尔山脊,东至念青唐古拉山。该山脉横贯西藏西南,为内陆水系与印度洋水系的分水岭。主峰冈仁波齐峰四壁对称(图1-1),南壁从峰顶垂直而下的冰槽与横向的山体岩层组成极似佛教万字纹的图案,不只佛教徒将该山峰视为吉祥的神山,印度教徒、本教徒也将该山峰认定为世界的中心,每年从四面八方前来转山参拜的信徒络绎不绝。

---

① 唐代杜佑纂《通典》

图1-1　冈仁波齐峰
图片来源：笔者拍摄

四条重要河流发源于冈仁波齐峰附近，分别流向东、南、西、北四个方向，这四条大河哺育了历代的青藏高原人。流向东方的是当却藏布——马泉河，为雅鲁藏布江的源头；流向南方的是马甲藏布——孔雀河，下游为恒河；流向西方的是朗钦藏布——象泉河，河畔周边的金矿丰富；流向北方的是森格藏布——狮泉河，下游为印度河。

西藏西部地区不仅有较多的河流，亦有大大小小的湖泊一百多个，即藏语的"错"。该地区的湖泊多属内陆湖，而且大多为盐湖，部分小型湖泊常常是夏季成湖而冬季就干涸。

由于长期的地质演变，形成了西藏西部地区复杂的地质构造和多样的沉积环境，为该地区提供了丰富的矿产资源，其中硼、金、铜、铁、锂为优势矿种，矿产品质较高，且矿床分布集中。

1.3　历史沿革

西藏西部地区虽然海拔较高、自然资源较匮乏，但这里很早便有人类生活。他们在高原上繁衍生息，利用有限的自然资源进行劳作、生产，并具有乐观向上的精神，用各种方式为生活增添乐趣，诞生了古老的藏族文明。

文物普查队在该地区境内发现了部分古代绘制有花纹的陶片，以及大量的岩画。岩画内容有日月、人物、动物（图1-2）、放牧、舞蹈等生活场景，还有一些类似原始宗教的符号，但不同于佛教的符号，考古工作者推测这些岩画的时代早于佛教传入该地区的年代。

石器、陶片、岩画等都具有颇高的历史、文物价值，反映了西藏西部地区民众的聪明才智，是宝贵的文化遗产，是悠久文明的再现，为学者们能够更全面地了解西藏的古代历史、文化、宗教等提供了极大的帮助。

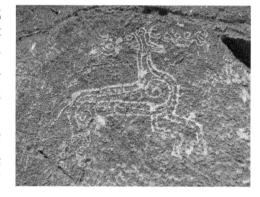

图1-2　岩画
资料来源：阿里地区文物局提供

1.3.1　象雄

公元7世纪以前，西藏西部地区有一个强大的部落联盟王国——"象雄"古国，它是青藏高原古老的王国，疆域广阔，人口众多。

对于象雄古国的建立时间没有确切的资料记载，据藏文文献记载，本教的创始人敦巴辛饶米沃诞生于公元前4世纪左右。按照本教的历史传说，敦巴辛饶米沃是象雄王室的王子，如果将象雄起始的年代大致确定在公元前4世纪，而对于象雄的灭亡时间，汉、藏史籍上均有比较明确的记载，在公元7世纪左右，那么象雄古国前后延续了一千多年，在西藏古代史上占有着非常重要的篇章。若建立时间更早,其历史更悠久。

吐蕃王朝初期,松赞干布迎娶了象雄国王之女象雄萨黎特麦,并将自己的妹妹赞蒙赛玛噶德嫁给象雄王作妃子,通过联姻的方式牵制象雄王朝与其修好。赤德祖赞、赤松德赞时期,吐蕃多次向象雄派兵,终用武力将其征服。至此,雄踞"世界屋脊之屋脊"的象雄王朝随着吐蕃王朝的强盛而逐渐衰亡了。

公元842年,吐蕃王朝末代赞普朗达玛被害,吐蕃王朝分崩离析。其后裔彼此残杀,混战多年。据史书记载,朗达玛去世后,其王后那朗氏的养子永丹,与王妃蔡绷氏之子维松争夺赞普之位,爆发了多次自相残杀的战争。终因王后一方势力较强,维松之孙吉德尼玛衮被逼无奈,离开吐蕃故土,前往象雄避难,"逃至西境羊同的札布让(今西藏札达县),娶羊同地方官之女没卢氏"①。

1.3.2 阿里

《汉藏史集》记载:"吉德尼玛衮出征'上部'各地,把这些地方置于自己的统治之下,并用'阿里'一词泛指这些地方。于是'阿里'才成为专用的地名。"②"阿里"在藏文中指领土、国土,即被统治和管辖的意思。吉德尼玛衮建立了地方割据政权,自己为"阿里王"。

吉德尼玛衮英勇善战,受到了当地百姓的拥戴,成为统领阿里的国王,阿里在其统治下日渐强盛。为了不使自己的三个儿子争夺王位而自相残杀,吉德尼玛衮便把阿里分成三个势力范围,分属于三个儿子,繁衍出拉达克王朝、古格王朝及普兰王朝。

1292年,元朝中央政府在阿里设立纳里速古鲁孙元帅府,管辖阿里军政事务。公元1307年,贡塘王系的俄达赤德崩前往元朝大都觐见,皇帝封其为"阿里三围"君主,阿里境内的各王系仍享有在势力范围内相对独立的管辖权。

明代,中央政府在阿里设立俄力思军民元帅府。

1630年,古格王朝被拉达克王朝推翻,继而被拉达克军队统治50余年之久。公元1681年(清康熙二十年),和硕特汗国达赖汗派军收复阿里三围。

1686年,西藏地方政府在阿里建立噶本政权,管辖范围包括现今阿里地区全部和后藏西部地区的仲巴等地。噶本政府下辖四宗六本,四宗即札布让宗、达巴宗、日土宗、普兰宗;六本为左本本、朗如本、萨让如本、曲木底本、帮巴本、朵盖奇本。

1950年8月1日,人民解放军先遣连进军阿里。1951年5月23日,签订《中央人民政府与西藏地方政府关于和平解放西藏办法的协议》,和平解放阿里,其行政机构维持不变。

1956年,成立西藏自治区筹备委员会,在阿里成立基巧办事处,下设普兰、札达、日土、珠珠4个宗办事处。

1959年4月5日,成立阿里地区军事管制委员会,解散噶厦政府,停止其继续行使地方政府职权。

1960年,在噶尔昆沙设立阿里行署,在各地陆续建立各县县委。

1965年,西藏自治区成立,阿里地区逐步形成地、县、区三级党委。

1966年,阿里行署迁至噶尔狮泉河镇。

---

① 西藏简史编写组. 藏族简史[M]. 拉萨:西藏人民出版社,2006:88.
② 达仓宗巴·班觉桑布. 汉藏史集[M]. 陈庆英,译. 拉萨:西藏人民出版社,1986:215.

1.4 疆域概述

1.4.1 象雄

对于象雄这个部落联盟的疆域,笔者查阅了大量的汉、藏宗教类史籍,并没有找到一个确切的限定,只能确定其大致的范围。原因主要如下:①象雄,这个经历了千余年历史的强大部落联盟,从发展、壮大到衰落,其疆域范围必然亦随之变化;②古、今地名,地域范围发生变换;③文字资料缺乏,以及汉、藏不同版本资料难以统一。

1. 文献梳理

许多学者及考古学家对象雄的疆域及其核心地带提出过不同的认识,也有研究学者根据不同的史籍资料提出见解,笔者整理如下:

(1)据本教文献记载,象雄由三个部分组成,即里象雄、中象雄和外象雄。著名本教学者朵桑·坦贝坚赞在《世界地理概说》中记载:"里象雄应该是冈底斯山西面三个月路程之外的波斯、巴达先和巴拉一带……中象雄在冈底斯山西面一天的路程之外。那有詹巴南夸①的修炼地隆银城,这还是象雄王国的都城。这片土地曾经为象雄十八国王统治……外象雄是以穹保六峰山为中心的一块土地,也叫孙巴精雪。包括三十九个部族……"

(2)顿珠拉杰在《西藏西北部地区象雄文化遗迹考察报告》中描述,"据藏文史籍记载,象雄地域分上、中、下三个区:上区为冈底斯山以西地区,包括波斯、拉达克和巴拉帝一带,以穹隆银城为其政治核心;中区为冈底斯山以东地区,包括今阿里东部和那曲西部地区,当惹穹宗为其政治和军事核心;下区为琼波六峰山为中心的东部地区,包括今天的那曲东北部,也叫松巴基木雪"。

(3)霍巍在《论古代象雄与象雄文明》中记载:"象雄的最西端是大小勃律(吉尔吉特),即今克什米尔。从勃律向东南方向沿着喜马拉雅山脉延伸,包括今印度和尼泊尔的一少部分领土。北邻葱岭、和田,包括羌塘。但东面的边界不太清楚,如果按照佛教文献记载,东面只限于与吐蕃和苏毗接壤,则象雄的疆域就不包括多康地区。"

(4)我国最早的一部系统记载历代典章制度的通史——《通典》记载了一个唐代西部的少数民族的疆域:"大羊同东接吐蕃,西接小羊同,北直于阗。东西千里,胜兵八九万……"文中的"大羊同"(或称"杨同"或"杨童")即指象雄,在《唐会要》及《太平寰宇记》均有对该王国的描述。

如前文所述,象雄鼎盛时期的疆域范围跨度很大,虽然几位学者的论述及史籍记载中,对于象雄界定的具体边界不尽相同,但边界地点位于大致范围内相邻的地方:向西包括了中亚其他地区,向东包括了其他藏族地区。

笔者分别从象雄时期及现今两个时间,来描述象雄的东、西、南、北四个方向疆域边界的大致位置,以求勾画出象雄的范围。

2. 疆域边界

笔者综合了不同资料,对象雄的边界按照各方位汇总如下:

---

① 詹巴南夸:据本教经典《雍仲密乘集传》记载,詹巴南夸是本教大师,是公元前1世纪左右象雄的一位王子。

表 1-1　象雄疆域大致范围

象雄疆域	相邻国家（地区）
东	琼布六峰山
西	波斯、巴拉帝、大小勃律
南	雅鲁藏布江
北	葱岭、于阗

（1）波斯为伊朗的古名,历史上在西亚、中亚、南亚地区曾建立多个帝国,兴起于伊朗高原的西南部,从公元前 600 年开始,希腊人把这一地区叫作"波斯",直到 1935 年,欧洲人一直使用波斯来称呼这个地区和位于这一地区的古代君主制国家。

（2）勃律为印度河流域的古国,今天巴基斯坦控制的克什米尔区域。中国自东晋开始有对此国的记载,有波伦、钵卢勒、钵露勒、钵罗、勃律等不同译名,唐朝时期多称勃律,都城位于现今的巴尔蒂斯坦位置。公元 7 世纪初被吐蕃击灭,分裂为大、小勃律两个国家。

原都城位置的巴尔蒂斯坦附近区域称为大勃律,我国汉文史籍中用过巴勒提、巴尔替、巴蒂等音译名称来称呼巴尔蒂斯坦,笔者推测朵桑·坦贝坚赞学者提到的"巴达先""巴拉"以及顿珠拉杰提到的"巴拉帝"可能亦是对巴尔蒂斯坦的不同译名。波斯语称巴尔蒂斯坦为"Tibeti Khord",译为"小图伯特"。

小勃律在巴尔蒂斯坦西北的罕札河谷,即今吉尔吉特。吉尔吉特位于吉尔吉特河南岸,海拔约 1 400 米。小勃律后臣服于吐蕃,又被唐朝收复,国号"归仁",公元 751 年,唐朝兵败于大食,退出中亚西部,小勃律及其周边地区再次臣服于吐蕃。

（3）于阗——西域古国名,位于今新疆维吾尔自治区南端的和田市地区。

（4）葱岭——我国汉代对帕米尔高原、昆仑山、喀喇昆仑山西部的称呼,唐朝称"帕米尔",是古代东西方的陆路交通要道。

（5）琼布——西藏昌都地区丁青县的古称,位于今西藏自治区昌都地区的西部,境内分布着许多古老的本教寺庙。唐朝时,该地区隶属于吐蕃,原有六十个部落,后演变为三十九族。

（6）六峰山——丁青县境内的孜珠山上有座古老的本教寺庙,名为孜珠寺,而藏语"孜珠"意为"六座山峰",传说这里是观音菩萨的道场,六座山峰象征着观音菩萨用智慧和慈悲六度众生。

虽然很难确切地划分古代象雄的领土边界,但是根据目前掌握的资料可以大致得知其疆域范围,东至琼布六峰山（今昌都地区丁青县）,西邻大小勃律（今巴基斯坦控制的克什米尔区域）,南抵雅鲁藏布江北岸,北靠于阗（今新疆维吾尔自治区和田市地区）,十分辽阔。

1.4.2　阿里三围至阿里地区时期

从象雄灭亡被纳入吐蕃管辖,到成为现今西藏的阿里地区,又经历了几个世纪的变迁。恰恰是吐蕃王室后裔振兴了昔日的象雄,也是灭佛的朗达玛后裔开始了佛教的复兴运动。

1. 阿里三围封地

不同的史书资料对吐蕃后裔——吉德尼玛衮三个儿子的长幼次序、名字、封地范围、封地所属等内容的记载不统一,在尊胜先生的《分裂时期的阿里诸王朝世系》文章中亦阐述了这样的观点,在他的文章中主要采用了《娘氏宗教源流》及《拉达克王国史》的说法。《青史》对该段历史的记载为:"吉德尼玛衮(音译不同)来到阿里地区后,生有三子,即伯季贡、扎喜德贡和安朱贡。长子住在芒域地区,次子住布桑地区,三子住象雄地区,在谷(古)格王管辖之下。"①

现将尊胜先生的观点与《青史》文献综合后得出如下结论:长子班吉衮统领南自芒域、帮库那赞,东自日土、色卡廓、囊廓典角噶布、日瓦马布、弥杰帕彭雅德、朵普巴钦等地,北自色卡工布,西自卡奇拉泽加等范围,以今克什米尔的列城(Leh)为中心,繁衍出"拉达克王朝";次子扎西衮统辖普兰地方,以今天的普兰县为中心,繁衍出普兰王朝;幼子德祖衮统辖札布让,继承父亲的事业,以今天的札达县为中心,繁衍出古格王朝。由于拉达克是象雄及阿里三围的一部分,笔者在下文亦会阐述其境内的宗教建筑,现将上文所述吉德尼玛衮的三个儿子及其封地补充说明如下:

(1) 笔者查阅的不同文献资料对于吉德尼玛衮三个儿子的称呼不同,推测可能是音译不同。

(2) 对三处封地的描述亦涉及了当时的古地名。

(3) 芒域:或译称玛域。"……在最西边,即拉达克。mar yul 的拼法是编年史、历史文献以及题记中的最古形式,近代已被普遍使用的 mang yul 代替。但最初 mang yul 仅指尼泊尔和中国西藏之间的地区,邻近吉隆一带……"②

(4) 布桑:或译称布让,为不同的音译,均指今普兰。

(5) 有些文献对于究竟是次子还是幼子分封古格领地意见不同,在本书中,笔者采用了与《青史》一致的观点:次子封地普兰,幼子封地古格地方。

元代,大羊同改称为"纳里速古鲁孙",意为阿里三围或阿里三部,指的是现今阿里范围及拉达克地区,这是阿里历史上第一次形成的三个较大的势力范围。总之,"正如我们所看到的,资料将整个西藏西部划分为三大地区:玛域(mar yul)、古格、布让(pu rang),它们肯定被细分为许多小区,其名称可能和今天常用的不同"③。这是对当时西藏西部地区的大体划分。

2. 阿里地区

根据藏文资料的记载,阿里三围逐渐被势力强大的古格王朝吞并,古格国王自吉德尼玛衮以来共二十八代。古格王国末期,王室与宗教集团首领的矛盾日渐加剧,加之与拉达克之间的联姻不成,终于导致了公元 17 世纪初与拉达克之间的战争,并最终战败,被拉达克管辖。公元 17 世纪末,五世达赖派兵将拉达克的军队驱逐出境,阿里三围的实际控制区域缩小到"雪山围绕的普兰、岩石围绕的札达、湖泊围绕的日土",不再包括以列城为中心的拉达克疆域。随后,阿里三围被纳入西藏噶厦政府的管辖,被分为"四宗六本",到 1966 年,在噶尔县的狮泉河镇新建阿里行署,现下辖日土、噶尔、札达、普兰、革吉、改则、措勤七个县。由于自然地理环境的差异,七个县区的环境各有特色。冈底斯山脉像一道屏障将阿里地区分作南、北两个不同自然环境的区域。北部区域大致包括日土、噶尔、革吉、改则、措勤五个县,主要地貌是巨大的山系及湖泊,降水量很少,且河流较短,河流切割作用较小,属于高原寒带干旱—半干旱气候,植被极为稀少,为牧业经济区。

---

① 廓诺·迅鲁伯. 青史[M]. 郭和卿,译. 拉萨:西藏人民出版社,2003:23.
② 图齐,魏正中,萨尔吉. 梵天佛地(第二卷)[M]. 上海:上海古籍出版社,2009:8.
③ 图齐,魏正中,萨尔吉. 梵天佛地(第二卷)[M]. 上海:上海古籍出版社,2009:8.

南部区域主要包括札达、普兰两县,是喜马拉雅山脉与冈底斯山脉之间的小型河谷平原及盆地地形,海拔在 4 000 米左右,狮泉河、象泉河、孔雀河等河流流经该区域,并流入克什米尔、印度等地。

图 1-3　札达土林
图片来源:笔者拍摄

该区域内的许多地方河流切割较深,地形较复杂,札达县境内为湖相沉积侵蚀地貌,古湖的沉积物基本成岩,形成土质的山林。土林在气候的侵蚀下,显现出类似碉楼、塔等千姿百态、高低错落的样貌,成为阿里地区著名的自然地貌景观(图 1-3)。

该区域属高原亚寒带季风半湿润、半干旱气候,年温差较小,日温差较大,能种植小麦、青稞等喜凉作物,部分地区能种植温带果木蔬菜,并有小片森林分布,为半农半经济区,也是阿里地区的主要农业分布区。

根据《阿里地区文物志》附录中“阿里地区寺庙、拉康总表”等资料显示,阿里地区的宗教建筑主要分布在札达、普兰、噶尔、日土四个县,其中又以札达县最多。这里根据阿里地区宗教建筑的分布情况,简要介绍这四个县区的基本情况:

1)日土县

日土县是西藏自治区边境县之一,地处阿里地区最北端,距离狮泉河镇约 130 公里,与印度控制的克什米尔区域接壤,境内平均海拔 4 600 米,面积约 7.5 万平方公里。地域辽阔,人口密度小,经济以牧业为主,农牧结合。据资料介绍,该县区边境有大小通外山口 25 处,传统边贸市场 7 个。

噶厦政府时期,日土宗分为宗①政府及拉让两部分,宗政府的官员由噶厦政府直接委派,拉让属于拉萨色拉寺。1961 年,日土曾由新疆维吾尔自治区管辖,1978 年划归阿里地区管辖至今。

境内的班公湖是该县的著名景点,湖面碧波荡漾(图 1-4),是一块景色优美的净土,吸引了众多的游客。班公湖,藏语名为“错木昂拉仁波”,意为“明媚而狭长的湖”,恰如其分地形容了班公湖的特征。湖的一部分属于阿里管辖,一部分归印度控制的克什米尔管辖,但边境划分存在异议。

图 1-4　班公湖
图片来源:笔者拍摄

2)噶尔县

噶尔,藏语意为“帐篷、兵营”,是现今阿里地区行署的所在地,也是该地区的经济、文化

---

① 宗:元朝至 1950 年以前西藏地方的基本行政单位,由多个庄园组成,相当于现在的“县”。

中心。噶尔县位于喜马拉雅山脉和冈底斯山脉之间的噶尔河谷地带,北接日土县,南邻普兰县,东连革吉县,西北与印度控制的克什米尔区域接壤,亦是西藏自治区边境县之一。

该县境内平均海拔约 4 500 米,面积约 1.7 万平方公里,经济以牧业为主,农牧结合。下辖狮泉河镇、左左乡、昆莎乡、扎西岗乡、门士乡等,狮泉河镇即阿里地委、行署及噶尔县府的所在地,近年来,政府投入大量资金及人力在昆莎乡建成昆莎机场,并投入使用,大幅度缩短了内地与阿里的交通时间。据资料介绍,该县区有主要通外山口 2 处。

在国家的援建、帮扶下,噶尔发展迅猛(图 1-5),县区规划整齐,道路宽阔,基础设施发展较快,已然成为西部高原的现代化交通枢纽。

图 1-5　噶尔县景象
图片来源:笔者拍摄

3) 札达县

札达,藏语意为"下游有草的地方",从其名字的含义可见,札达县是阿里地区气候环境较宜人的地方,原为札布让宗、达巴宗的属地,1956 年两宗合并,在札达设立办事处,1960 年,成立札达县。

该县亦是西藏自治区边境县之一,县区西部、南部与印度接壤,北面为克什米尔区域,东北、东面邻日土、噶尔与普兰县,境内平均海拔约 4 000 米。全县面积约 2.4 万平方公里,2003 年时,全县人口近万人。

县区内铁、铜、铬等矿产资源丰富。象泉河横穿该县区,灌溉了县区内的大部分土地,使得札达成为阿里农牧业并举的地区。近年来,阿里地区一直在深化调整札达县的农牧业结构,在县区内建立蔬菜大棚,改善农业基础设施建设,蔬菜瓜果的种植解决了以前依靠远距离运输且品种有限等问题。

札达拥有古格故城遗址、托林寺两处全国重点文物保护单位,以及多处自治区级文物保护单位,吸引了越来越多的游客、学者前来观光、调研,带动了周边地区旅游业的兴起,促进了相关产业的发展,也使得阿里地区的古老文化得到宣传、重视。该县区境内有历史上形成的通往印度的山口 10 余处。

图 1-6　普兰县景象
图片来源:笔者拍摄

4) 普兰县

该县以前称普兰宗,1960 年改为普兰县(图 1-6)。县区位于阿里地区西南部,与尼泊尔、印度相邻,处于加德满都、新德里中间以北的地带,属于孔雀河谷范围,地形较狭窄,温差小,降雨量较多,形成了高原上较为宜人的小气候。受游客青睐的"神山"冈仁波齐峰及"圣湖"玛旁雍错均分布在普兰县境内,这里成为旅游及朝圣的圣地。全县面积约 1.3 万平方公里,2003 年时的人口近万,经济上属于农牧结合。

县城距离中国与尼泊尔的边境约 10 千米,印度、尼泊尔的许多朝圣者及商贩多由此口岸入境(西藏重要的出入境口岸有亚东、樟木和普兰)。从古至今,这里便是阿里地区与印度、尼泊尔进行商贸、经济、文化交流的重要场所。现今的普兰各项社会基础设施均衡发展,县区景象繁荣,边防巩固、局势安稳、生活安定。

1.5　宗教概况

宗教是一种文化现象,是人类社会发展到一定阶段对世界的解释、对道德情感的心理安慰,属于社会意识形态。宗教相信现实世界之外存在着某种超自然的、神秘的、强大的力量,可以决定人的命运,从而使人通过各种仪式表达对这种神秘力量的崇拜。

藏族人口中信仰宗教的人数占比很大,并且在历史上较长时期内维持着政教合一的社会秩序,可见宗教在藏族社会生活中占据着重要的位置、发挥着举足轻重的作用。由于各种历史及社会原因,藏族的宗教信仰在不同的社会发展阶段亦发生了变化,这种变化能够反映出藏族各个时期的宗教文化现象。

如前文所述,西藏西部地区有印度教、佛教、本教等教派,共同认定"世界中心"在冈底斯"神山",可见这里在信徒的心中一直是神圣的宗教圣地。该地区与周边地区的宗教文化交流一向频繁,与多种宗教有着千丝万缕的关联,不仅是西藏本土宗教——本教的发源地,还是藏传佛教后弘期"上路弘传"的重要发祥地,"对西藏西部复兴藏传佛教的重大作用,历史学家和编年史家均直言不讳"①。可见,该地区宗教文化源远流长。

1. 本教

本教为藏族地区原始古老的宗教,是藏族宗教文化的重要源头。本书根据现今大部分本教研究学者的观点,将本教分为原始本教与雍仲本教两个阶段。

佛教传入青藏高原之前,藏族人就有自己的本土宗教信仰——原始本教。《本教源流》记载:"黑教开始传播于现在阿里三区之一的象雄地方,旧名古盖。""黑教"即"黑本",也称"笃本"或"伽本"。该教派没有具体的产生年代和创建者,是西藏地区的生产力发展到一定阶段所发生的社会现象,是与西藏人民共同成长起来的信仰,反映了藏族浓郁的地方和民族特色。

据说,"本(Bon)"在藏语中是"颂咒"之意,颂念各种咒语是原始本教一个重要的部分。原始本教的基本教义是"万物有灵",将直接关系到自己生存的类似日月、山川、草木、禽兽等自然物和自然力神化,并用这种观念解释一切现象的存在和变化。这反映出当时的西藏社会生产力水平较低,对大自然的依赖较强,只能借助虚幻的神灵来代替真实,将灵性赋予万物。

本教发展的第二个阶段就是"雍仲本教",也称"白本",是在吸收原始本教的教义,并对其进行大量改革的基础上建立起来的相对理论化的宗教。

2. 佛教

佛教起源于公元前 6 世纪的古印度,关于佛教传入西藏的时间,至今没有一个确切、统一的说法。

---

① 图齐,魏正中,萨尔吉.梵天佛地(第二卷)[M].上海:上海古籍出版社,2009:7.

大多数史书认为,佛教是在公元 7 世纪上半叶——吐蕃王朝建立初期、松赞干布执政期间由我国内地和印度、尼泊尔同时期传入西藏的。刚刚传入西藏的佛教缺乏社会基础,本教仍然是藏族聚居区的主流宗教,作为本教发源地的象雄更是继续以"本"治国。

3. 佛教前弘期

松赞干布等吐蕃王室极力倡导兴佛,逐渐压制本教势力。

公元 838 年,朗达玛继位赞普,大肆灭佛,传佛大师外逃,僧人被迫还俗,西藏境内的佛教受到了严重的打击。藏史学家把从松赞干布兴佛到朗达玛灭佛这二百年间称为西藏佛教发展史上的"前弘期"。朗达玛灭佛标志着"前弘期"的结束,佛教的显宗在灭佛期间遭到沉重的打击,而密宗因秘密单传,所以一直流传下来。

4. 佛教后弘期

朗达玛灭佛时,一些佛教僧人逃往吐蕃周边偏远的地区,在拉萨附近的三位僧人带着佛教经典逃往西藏西部地区,后又逃往甘肃、内蒙古等地,以躲避灭佛事件的迫害。

自朗达玛灭佛百年之后,佛教从西藏西部地区、青海地区再度向西藏腹地传播,西藏佛教得以复苏,西藏西部地区成为"后弘期"引人注目的地方。根据佛教再次传入西藏的路线不同,分为"上路弘传"和"下路弘传"。"10 世纪后期,桑耶寺主也失坚藏,资助乌思藏地区十人北上至宗喀巴地方受戒学经,学成后返回建寺授徒,史称'下路弘传'。在'下路弘传'的同时,古格首领拉德之父曾出家为僧,并曾资助多人赴加湿弥罗①学经,之中有仁钦桑布等著名高僧学成归里,于古格之托林寺主持翻译显密经典。史称'上路弘传'"②。

5. 上路弘传

西藏西部地区在地理位置上与印度、尼泊尔这样的佛教大国毗邻,同属于喜马拉雅山脉区域,更便于接受佛教教义的影响。后弘期时,借助时机的成熟及地理位置的便利,印度等地的许多高僧大德前来该地区讲经传法,加之该地区多位封建领主对佛教活动的支持,佛教在该地区快速发展起来,并逐渐渗入到西藏的其他地区。

吐蕃王朝时期的佛教即佛教发展的前弘期,这个时期的西藏佛教是西藏人对印度佛教的模仿,尚不能称作"藏传佛教";后弘期兴起的佛教才真正可以称作"藏传佛教"。后弘期时的佛教,经历了西藏不同地区、不同时间的复兴,不同的观念及思想相互吸收、相互融合,完成了西藏化的过程。在此过程中,其教义发生了一定的改变,既吸收了西藏本土宗教——本教的内容,融入了西藏的地域文化,也吸取了晚期印度佛教的教义,由此形成既有深奥的佛学思想,又具有独特地方特色的地方性佛教。

这是藏族人按照自己的理解方式对印度佛教经典重新进行"秩序排列",并将藏族文化融入其中的结果。于是,出现了宁玛、噶当、萨迦等不同的藏传佛教的分支教派,各教派之间对佛教典籍及修学方式的看法存在些许的差异。现在,藏传佛教主要有宁玛派、噶举派、萨迦派和由噶当派衍生而来的格鲁派四大教派,这四大教派均先后在西藏西部地区设立了许多寺庙。

---

① 加湿弥罗:或译为迦湿弥罗(kasmira),是喜马拉雅山脉的古国之一,位于印度西北犍陀罗地方的东北地区,大约是现在的克什米尔地区。汉朝称罽宾,魏晋南北朝称迦湿弥罗,隋唐称迦毕试。
② 西藏简史编写组. 藏族简史[M]. 拉萨:西藏人民出版社,2006:90.

1.6　民俗文化

民俗文化是由民众在日常的生产生活中慢慢形成的,与人们的习惯、情感、宗教信仰等相关联,是一个国家、一个民族或一个地区的民众共同创造的,具有普遍性、传承性等特点。因此,民俗文化反映着人们生活的方方面面,并且可以强化一个国家、民族或地区的凝聚力,是珍贵的文化遗产。其涵盖的方面较广泛,包括婚丧嫁娶、社会组织、岁时节日、民族礼仪等。

1. 日土谐巴谐玛舞

据说,日土县保留着一种古老的舞蹈——谐巴谐玛,这种舞蹈是为了纪念格萨尔王[①]的一位大臣所跳的。舞蹈由 17 对男女共同表演,男子为武士打扮,女子均身着华丽的古代服饰。该舞蹈是西藏西部地区宝贵的非物质文化遗产。

2. 札达宣舞

据阿里地区文物局介绍,该舞蹈历史悠久,大约形成于公元 10 世纪的札达地区,后流传到日土等地。该舞蹈可分为持鼓舞及面具舞,形式融合了藏戏、说唱等藏族民间艺术,步伐舒缓稳重,具有较强的观赏性。

在古格故城寺庙的壁画中可以看到反映这种舞蹈场景的图画,多为庆典活动而表演。现在,阿里人在重要节日期间仍然会穿着盛装表演宣舞。

该舞蹈"区别于西藏其他地区的民族艺术形式,具有自身的独特风格和魅力。札达县民间艺术团共招收了 9 男 9 女 18 人,均拜师于托林村老人卓嘎门下学习宣舞。这 19 人也是世界上仅有的宣舞传承人"[②]。

3. 普兰传统服饰

该地区最著名的民俗服饰非普兰传统服饰莫属。生活在孔雀河畔的普兰县妇女,均拥有一种贵重的、世代相传的民族服饰,只在盛大节日及宗教庆典的时候才会穿戴。

据当地人介绍,该服饰十分华丽,从上到下运用了黄金、白银、松石、珍珠、玛瑙等多种珠宝来装饰衣领、肩膀、腰封等部位,重达十几斤,价值不菲。服装以毛呢料为主,色彩鲜艳,头饰亦装饰有多种珠宝,中央垂下珠宝串帘,几乎遮住面部,与服装相呼应,整体和谐富贵。

4. 普兰男人节

在普兰县科迦村有个独特的节日——男人节。节日的时间定在每年藏历的二月中旬,大约持续五六天,节日期间,科迦村的男人集中在科迦寺的广场,坐在卡垫上喝酒看戏,妇女儿童只能在一旁围观。

5. 果谐舞

在西藏地区的村头、广场、田间随处可见,阿里人同其他地区的藏族群众一样,很多时候边跳舞边劳作,将娱乐与生产结合在一起。

笔者 2011 年第二次到古格故城调研的时候,碰巧各佛殿正在维修,看到一些当地人边

---

① 格萨尔王(1038—1119):是古代藏族人民的英雄,统一多个部落,为藏族人民降魔驱害。

② 李雪南,付淳,王腾. 非物质文化遗产之阿里古格宣舞[EB/OL]. [2012-09-10]. http://news. sohu. com/20120910/n352693102. shtml.

歌舞边施工的场面,比如当地的男男女女手拿自制的工具,围成圈,边跳果谐舞边夯制阿嘎土屋顶,口中所唱既是歌曲也是干活的口号,步伐整齐一致,给施工过程带来乐趣,反映出藏民族对歌舞的喜好,也说明了民俗活动来自生产、生活,并与之紧密结合。他们自制的工具构造十分简单,在一根有弹性的塑料棍体的端头绑上打磨平整的圆形石块,干活时手拿棍体,用石块敲击阿嘎土层。

6. 望果节

望果节主要在农业区举办,于谷物成熟之前举行,庆祝丰收,感谢神灵的庇佑,西藏各地区由于作物成熟时间的不同,举行望果节的时间有所不同。阿里地区的日土、噶尔、普兰、札达等县均在改善农业基础设施,农牧并举。

第 2 章
宗教建筑遗址

公元 8 世纪初,大唐高僧慧超在回忆录中记述,他由天竺(古代印度及印度次大陆国家的统称)返回中原途中经过西藏的西部地区,发现该地区建有寺庙及塔。可见,吐蕃王朝初期,该地区就不乏宗教类的建筑,但很难确定这些宗教建筑的具体信息,笔者目前尚未查找到慧超提及的这些宗教建筑的派别、地点、年代等方面信息的明确记载。

笔者在调研的过程中,发现了许多规模并不大的殿堂或神庙遗迹,从其建筑结构、佛像遗存等皆可判断出比西藏西部地区现存的寺庙要早,可能是后弘期早期,也可能是前弘期,甚至是上文所述吐蕃王朝初期的时候建造的,但是,文献资料及文物普查结果未能明确它们的建造年代及背景,许多资料均待定。在综合史籍记载的基础上,推测这些遗迹的年代可能是处于吐蕃赞普朗达玛灭佛前期至后弘期初期的这段时间,至少比其周边现存寺庙年代略早。

这些宗教建筑虽只余遗址,但仍然能够在一定程度上反映当时该地区宗教建筑的特点,具有很高的研究价值,因此,本章节阐述这些宗教建筑遗址的状况,并进行分析归纳。

2.1 札达县托林镇周边遗址

札达县是古格王国的中心,托林镇为札达县县府所在地,位于象泉河南岸,距离古格故城札布让大约 18 千米。

在距离托林镇南面大约 1.3 千米的陡峭土林山腰及山顶处,分布着一些建筑及洞窟遗址。从遗址的形制、规模及残存物件可以大致判断其原始的建筑用途为城堡、佛殿、僧舍和佛塔,虽已成为废墟,但仍可见其当初的宏伟气派,其中一些殿堂属于早期建筑,据专家推测其建筑时间早于著名的托林寺,可能是托林寺的旧址。

根据在山体上分布位置的高低不同,当地人将周边土林上的遗址大致分为三个部分:卡尔共玛(意即上部城堡)、卡尔巴尔玛(意即中部城堡)、卡尔沃玛(意即下部城堡)(图 2-1)。

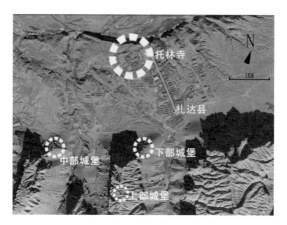

图 2-1　托林寺及三处遗址地理关系图
图片来源:笔者根据谷歌地图绘制

2.1.1　上部城堡

该遗址群位于土林山顶上较为平坦的地方,始建年代及历史沿革尚未确定,目前为止,笔者并未找寻到与其相关的史籍资料,按照当地百姓的习惯称其为卡尔共玛,即上部城堡。

遗址群内房屋分布散乱,从仅存残墙断壁中可见墙体主要由土坯砖砌筑。有的废墟规模较大,房间分隔多,可能是城堡或贵族府邸。遗迹中有一处四壁皆存、平面呈"凸"字形布局的房屋遗址(图 2-2),有门廊,坐西朝东,进深约 5 米,面阔约 4 米,其结构与寺庙大殿相似,且外墙上涂有寺庙常用的红色涂料,应为一处宗教活动的场所。

图 2-2　上部城堡
图片来源:札达县文物局

2.1.2　中部城堡——托林寺旧址

该遗址群位于上部城堡的西面山腰处,经现场测量海拔高度约 3 800 米。

遗址群主要由保存比较完整的两座佛殿(F1、F2)、数座大小不等的佛塔及数十孔洞窟组成(图 2-3),周边还有一些房屋废墟,笔者根据其布局形式推断,这些房屋中有些是起到防御作用的碉楼及围墙。遗址依山势而建，错落有致，位于不同的山体高度上。

图 2-3　中部城堡遗址群
图片来源：笔者拍摄

1. 佛殿

两座殿堂均朝东南面，F1 平面呈"凸"字形，由门廊、大殿、后殿三部分构成。墙体采用石砌基脚，用土坯砖砌筑，外表墙刷红色颜料。顶部及殿内立柱等皆已不存，现存墙体残高约 8 米。

该处遗址在《阿里地区文物志》上也有记载，但是其对两个大殿尺度的描写与笔者实地测绘的结果有一定的出入，可能是由于对建筑内墙及外墙不同部位进行测量而导致，也可能是由于测量时间不同遗址尺度发生了变化而导致。

据《阿里地区文物志》记载，F1 大殿"面阔 16 米、进深 15 米"[①]，而笔者的测绘结果是面阔 13 米左右、进深 11 米多（内墙尺寸）。《阿里地区文物志》记载，后殿"面阔 13 米、进深 5 米"[②]，笔者的测绘结果是面阔 8 米左右、进深 6 米多（内墙尺寸）（图 2-4）。从后殿西墙处的废墟中依稀可以分辨，中央设有须弥座式的佛像基座，现存高度约 1 米，佛座上现为土堆，可能是坍塌的佛像及墙体等。西面墙壁上有佛像（图 2-5）的残存，估计这里原是供奉主佛像的位置，现已不存，墙壁四周均可观察到模糊不清的壁画痕迹。"从此殿的佛像、壁画配置以

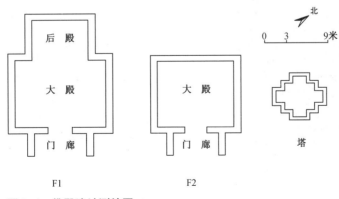

图 2-4　佛殿遗址测绘图
资料来源：笔者绘制

---

① 索朗旺堆.阿里地区文物志[M].拉萨：西藏人民出版社，1993：92.
② 同上。

及平面形制特征分析,有可能原系强巴佛殿"①。F2 位置在 F1 的西面,相距约 30 米,面积较小。建筑方式与 F1 相似,无后殿。门廊面积约 8 平方米,正殿为正方形,面阔进深均为 11 米(笔者测量结果与《阿里地区文物志》的数值一致)。殿内四壁皆有壁画痕迹,依稀可以看出:西壁绘有多臂护法神;东壁绘有菩萨及护法神像。殿内遗存有残碎的佛像头、躯干、肢体等(图 2-6)。

图 2-5 F1 佛殿内部及佛像残存
图片来源:笔者拍摄

图 2-6 F2 佛殿内部佛像残存

图 2-7 佛塔
图片来源:笔者拍摄

2. 佛塔

F1 和 F2 佛殿的东南部,靠近 F1 的位置,建有一座体量较大的佛塔,塔基为"亚"字形须弥座式,其上为圆形的塔瓶,上承十三天(图 2-7)。塔瓶中空,残破处可见其中填放有泥模小佛像及经卷等。从残破的塔基可见,其内部设有土坯砖垒砌的隔墙,分隔出大概 9 个小室,由于尺寸太小,笔者无法进入。小室分别藏有经书及擦擦,现从残破处涌出,暴露在外面。

虽然历经长时间的日晒雨淋,还是依稀可以看到塔身上有红色的涂料,塔基上饰有精美的雕刻,在"亚"字形平面拐角处饰有带束腰的花纹,正面对称雕刻着类似狮子或麒麟的祥兽,现已无法清晰分辨,但其样式与笔者调查的热布加林寺老塔的塔基十分相似,可能是某个时期普遍采用的雕刻母题,将于下文继续分析。

在距该遗址不远的山脚处,还分布着一个大概由八至十座体量较小、形式较接近的佛塔组成的塔群(图 2-8),从样式上来判断,其年代应该与该遗址一致。

3. 周边遗存

在两处佛殿及佛塔周边还有数十孔洞窟(图 2-9),现均已荒废。从现场遗址情况来看,洞窟分为上、下两层,以前可能在洞窟外建有台阶或梯子,用于解决竖向的交通,现已无法进

① 索朗旺堆. 阿里地区文物志[M]. 拉萨:西藏人民出版社,1993:92.

入到二层的洞窟。洞窟形式较规整,规模大致相当,内部设置较简单。据阿里地区的考古报告来看,在该遗址的一些洞窟里还发现了绘有佛像的经书残页,笔者推断这些洞窟应该是僧侣修行及居住所用。周边还有几处建筑的废墟,根据遗址现场平面及分布位置,笔者推测这些废墟中包含碉堡及外围墙,加之整组遗址位于易守难攻的山腰处,可见其选址具有一定的防御性(图 2-10)。

图 2-8　山脚塔群
图片来源:笔者拍摄

图 2-9　两层洞窟
图片来源:笔者拍摄

图 2-10　碉堡
图片来源:笔者拍摄

4. 建筑布局关系

　　该遗址的佛殿、佛塔及周边建筑遗存依山而建,两座佛殿靠近二层洞窟的山体,位于山腰平台较高的位置,佛塔及其他建筑围绕佛殿布局,佛塔的体量与佛殿比例适中,整组建筑以佛殿为主,布局紧凑、灵活,适应地形环境。

　　佛殿的体量较周边建筑遗存略大,突出其主体地位,类似碉堡的建筑及围墙建在山崖部分,碉堡所处的位置大致为山腰平台的四角,与围墙联系在一起,保护着佛殿、修行洞等建筑,体现了较强的防御性。塔群位置比佛殿低,更靠近山脚,像是对佛殿的一个指引。

笔者目前所掌握的史籍资料中并无对该遗址历史沿革的描述,札达县当地群众一直称此处为托林寺旧址,而托林寺自公元10世纪末藏历火猴年(公元996年)创建以来,至公元17世纪被破坏,其间是否迁徙过寺址,亦无确切记载。

根据古格故城及其他同时代遗址的选址来看,不论是寺庙还是宫殿,都比较注重防御,这是当时的社会环境所决定的。早期的托林寺建寺时出于防御上的考虑,将主殿或者部分殿堂建在象泉河岸边的山腰位置,是完全可能的,也是比较合理的。

综上所述,在没有更确切的证据之前,笔者同意当地群众的说法,将该寺定为托林寺的旧址,与现在的托林寺遥相呼应,至少表明此处宗教建筑遗址属于与托林寺相关的建筑遗存,确切情况有待考古工作的进一步发现。

2.1.3 下部城堡

该遗址位于中部城堡的东面,接近山脚位置,其历史沿革亦不详,当地群众习惯称其为卡尔沃玛,意为下部城堡。该遗址距离中部城堡约1千米,据当地居民讲述,可从托林寺旧址西边山体的一处隧道进入,但隧道现已毁塌,笔者调研时未能找寻到。

遗址主体建筑修建在山顶中间一处凸起的山顶上,仅存残墙断壁。有的遗址为佛殿,外墙涂红色(如图2-11所示),平面形制、规模均与上述F1、F2两座佛殿相似,房间内仅存佛座以及佛像的残片;有的遗址可能为碉堡,墙壁上留有作战用的孔洞。遗址四周为较险峻陡峭的山体,易守难攻,防御性强。遗址群的南边、西边修建有防护墙,而且在附近堆有石子,可能用于当时的作战,防护墙下亦有通道可以通向山崖边的洞窟,墙壁上留有射箭孔等。

图 2-11 佛殿外墙
图片来源:笔者拍摄

2.1.4 遗址群

如前文所述,这组位于托林镇南面土山上的遗址群,由山顶、山腰、山脚的三处遗址组成,是城堡、佛殿、碉堡、塔等建筑的集合,虽只余残垣断壁,仍可见其庞大的规模。

1. 选址注重防御性

整组建筑群选址在象泉河畔的山崖上,既适宜人们生产、生活,又兼具防御性。

2. 建筑等级明确

从上述三处遗址情况来看,上部城堡有的遗迹规模较大,有的房间分隔多,且无明显的宗教痕迹,推测可能为城堡类的建筑,有的房间内有佛像遗迹,为佛殿;中部城堡保存较完整的带有明显宗教痕迹的两座建筑,判断为佛殿,周边还建有佛塔、碉堡及围墙;下部城堡亦有佛殿、碉堡及围墙。

由此可见,统治阶层的城堡位于较高的位置,周边亦建有佛殿,方便其礼佛,但佛殿的规模不大,笔者推测仅供统治阶层使用。寺庙的主体部分可能位于现中部遗迹群,如上文所述,该遗迹群中的两座佛殿的规模比上部、下部遗址中的佛殿规模都大,佛像、壁画等宗教遗存多,可能是供奉大体量的佛像、僧人念经的主要场所,周边还分布着一些可能供僧人使用的洞窟。下部遗址中的佛殿紧邻碉堡,防御性最强。

3. 以佛殿为中心布局

在中部城堡的遗址群中,佛塔、其他建筑及围墙基本围绕佛殿布局,突显了佛殿在该组建筑的中心地位。

4. 佛殿形制相似

该遗址内的佛殿形制相似,规模相近。佛殿平面形制为"凸"字形或方形,入口处设置门廊,选择东或东南向,在西墙正中供奉大体量佛像,雕刻精美(图 2-12～图 2-16)。

5. 遗址群内设暗道相连

在山体内开凿隧道,将不同位置的建筑联系起来,既起到便捷的交通作用,在战争时还具备防御、转移的作用。

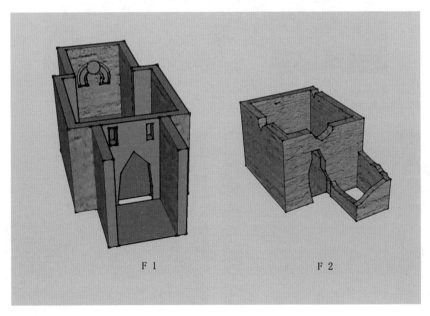

F 1　　　　　　　　　　　　F 2

图 2-12　佛殿遗址模型
图片来源:笔者绘制

图 2-13　遗址群
图片来源:笔者拍摄

图 2-14　F1 佛殿
图片来源:笔者拍摄

图 2-15　F1 佛殿佛像背光
图片来源:笔者拍摄

图 2-16　F2 佛殿
图片来源:笔者拍摄

2.2　格林塘寺——皮央旧寺遗址

距离札达县城以北约 30 千米处,象泉河的北岸,有一条东西长约 3.5 千米、南北宽约 800 米的狭长形沟谷,分布着规模庞大的皮央·东嘎遗址。

皮央旧寺——格林塘寺距离皮央遗址的直线距离约 400 米,处于沟谷中一块不规则的坡地上,坡地西、南、东面均为陡坡,与其下面的溪流相对高差约 20 米。

据记载,皮央遗址中的格林塘寺一直被称为"皮央旧寺",始建于公元 996 年,公元 11 世纪初进行改、扩建。考古学家从该寺杜康大殿提取木块样品及墙面泥灰进行碳-14 测年,又对该寺出土的藏文佛经字体及内容进行辨识,其结论均是:该寺年代与文献记载的建寺年代十分接近。该寺庙遗址现存佛殿遗迹 2 座、佛塔遗迹 10 余座、其他建筑遗迹 10 余间及数段院墙遗迹。两座佛殿分别位于坡地的南侧及西北侧,南侧的佛殿坐西朝东,平面呈"凸"字形,中心大殿开间、进深均约 16 米,西侧小佛殿开间、进深均约 8 米,东侧似有门廊;西北侧佛殿平面形状较复杂,体量较大,为"小殿围绕中心佛殿"的平面布局样式,笔者推测该殿主入口亦朝东。两座佛殿周边均有大小不等的佛塔,院墙转角处设有类似"碉楼"的建筑,具有一定的防御性。

2.3　玛那遗址

玛那遗址位于象泉河支流玛那河南岸土林顶部(图 2-17),距离玛那村约 1.2 千米,距离玛那河垂直高度 200 余米,海拔约 4 268 米。

笔者曾于 2010 年 8 月及 2011 年 7 月先后两次到达玛那村附近调研,该遗址所处的山体始终因天气原因滑坡严重,未能到达。下文中对该遗址的描述主要依据卫星图及对阿里文物普查队工作人员的采访。

根据阿里地区文物局文物普查人员的描述,该处遗址主要由三处建筑废墟、佛塔以及 70 余处开凿在山体北面断崖上的洞窟组成。建筑遗迹依山势东西向分布在山顶缓坡上,从建筑形制及佛像、壁画的残存可以判断三处建筑均为宗教建筑,均坐西朝东,一处平面呈"凸"字形,凸出部分有泥塑佛像及佛像基座残存;一处平面呈方形;另一处方形佛堂外有门廊。从文物普查队拍摄的照片可见,遗迹损毁严重,残存的壁画已无法辨认。

图 2-17　玛那遗址
资料来源:札达县文物局

遗址佛塔的塔基内部如托林寺遗址的塔基一样,由土坯砖垒砌的墙体分隔成若干小室,内藏各类擦擦及经书。

2.4 古格故城佛殿遗址

如前文所述,吉德尼玛衮将领土分封给自己的三个儿子,形成三个势力范围。各势力范围又相继繁衍出多个王朝,古格王朝便是其中之一,并逐渐发展壮大,继而吞并了周边势力范围。该王朝雄踞阿里地区多个世纪,并且积极弘扬佛法,兴建或扩建了阿里地区众多的宗教建筑,在西藏历史舞台上扮演了重要的角色,为推动佛教在阿里地区甚至整个西藏地区的发展作出了重大的贡献。

2.4.1 地理位置

古格王国以象泉河流域为统治中心,鼎盛时期的疆域范围北抵日土,南至印度,西邻拉达克,东至冈底斯山麓。

我们所说的"古格故城",实际上是指古格王国都城的遗址,旧称札兰布,现称札布让,位于现札达县城西面约18千米的象泉河南岸。著名的古格故城便位于象泉河畔一座300多米高的土山上(图2-18～图2-20),山体的西面及西北面为断崖,崖下为干涸的河床,南面亦是土山,东面为开阔的坡地,坡地下生长着灌木,还有一条小溪汇入象泉河。

图2-18 古格故城遗址
图片来源:笔者拍摄

图2-19 古格故城遗址入口
图片来源:笔者拍摄

图2-20 古格故城遗址近景
图片来源:笔者拍摄

图2-21 佛殿遗址
图片来源:笔者拍摄

2.4.2　佛殿遗址

这座古格故城遗址承载着古格王国几百年的辉煌历史。

宿白先生的书中①描述了古格故城土山中部东南坡的一处佛殿遗址：佛殿坐西朝东，整体近似方形，为一圈小佛殿围绕中央庭院布局的形式。各殿堂屋顶全部塌陷，墙体部分倒塌，与宿白先生的描述相比，现在墙体的损坏程度更加严重（图 2-21），只能大致看出房间分隔。西侧正中位置的佛殿残留墙体比周围佛殿略高，突出其主体地位。壁画只余残留的颜色，难以分辨其主题及内容。佛殿外墙整体涂红色。

如图 2-22 所示，殿堂南北两侧各有五间小室相对而设，位于端头的小室规模略大，中间的佛殿规模较小且较为一致。西侧中央为主殿，面积稍大，东侧设有两座小佛殿及入口大门，东面小室的外墙体整体塌陷（图 2-22 中所示虚线部分），无法得知当时其入口大门的样式，从现场来看，应该与宿白先生所绘平面图吻合，中央部分为边长约 9 米的正方形，内部地面较平整。

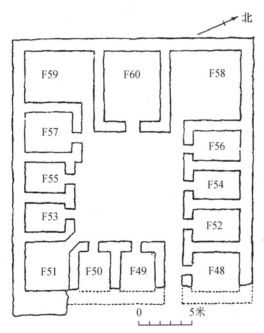

图 2-22　古格故城佛殿遗址
图片来源：《藏传佛教寺院考古》

宿白先生认为该殿堂平面形式与印度的那烂陀寺、拉萨的大昭寺极为相似（图 2-23）。大昭寺在建立之初的平面形制，是周围一圈小殿围绕中间天井，因此，该佛殿很可能是对印度佛寺或者大昭寺的一种模仿，应属公元 10—11 世纪所建，这可能是古格故城中所建较早的佛殿遗存，随着古格的灭亡而荒废了。佛殿西墙依靠山体，东面、南面为断崖，在佛殿的西南部还能见到一些其他建筑的遗存，规模均比该佛殿要小。有些建筑遗存平面尺度小，空间较高，笔者推测其为碉堡，周边还有一些类似围墙的遗存，这些可能是出于防御考虑，在该佛

---

① 宿白.藏传佛教寺院考古[M].北京：文物出版社，1996：155.

殿周围建造的附属建筑。

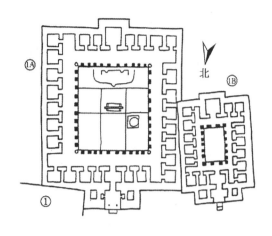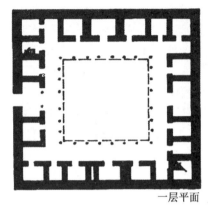

那烂陀寺平面   大昭寺平面

图 2-23　那烂陀寺、大昭寺平面图
图片来源:《藏传佛教寺院考古》

2.5　遗址建筑特点

上述四处宗教建筑遗址,是笔者在调研的基础上,查阅资料和实地调研得出的年代较早的寺庙遗址实例,虽然已成废墟,但依然具有一定的研究价值,可以从中发现阿里地区后弘期早期,甚至可能更早时候的佛殿特点。

表 2-1 为札达县宗教建筑遗址的选址分布、佛堂形制、建筑布局:

表 2-1　宗教建筑遗址特点

年代 （公元）	寺庙名称		位置	数量	平面形状	朝向
996	托林寺及 周边佛殿 遗址	上部	象泉河南岸山顶	1	凸字形	东
		中部	象泉河南岸山腰	2	凸字形、正方形	东南
		下部	象泉河南岸山脚	1	凸字形	东
996	格林塘寺遗址		象泉河北岸坡地	2	凸字形、围绕小室	东
996	玛那寺遗址		玛那河南岸山顶	3	凸字形、方形	东
10—11 世纪	古格故城佛殿遗址		象泉河南岸山腰	13	方形围绕小室	东

由于历史资料的缺乏,对于以上佛寺遗址的建造年代只能根据仅有的史籍资料,大致划归一个时间段。这些宗教建筑已成遗址,只能在残垣断壁中寻找其曾经的辉煌。

1. 遗址的分布情况

1）古格境内

如上文所述的宗教建筑遗迹均分布在阿里地区的札达县境内,即古格王国曾经的管辖范围。根据史籍记载,古格国王十分推崇佛教,积极倡导佛教,并花费重金从佛教圣地迎请高僧及建造建筑的工匠,可以推测当时阿里地区的古格王国最先建造佛寺,并逐渐向周边扩散。

古格王国逐渐强大后,曾吞并"阿里三围"的其他王朝,可见其当时在政治、军事、经济等方面较为发达,自然亦是宗教集团发展的首选。这也印证了上文所述古格成为后弘期上路弘传的佛法中心。

2) 河谷地带

平原、河谷地带水源充足,气候较为宜人,一直是农业比较发达、经济基础较好的地区,同时也是人口聚集的地带。在生活环境较恶劣的阿里札达县,象泉河流域的河谷地带更是修建城堡、村庄的首选。前文所述托林寺旧址、皮央寺旧址分布在象泉河的南、北两岸,玛那遗址分布在象泉河的支流南岸,可见,这些早期的佛殿均选择在札达县重要的象泉河河谷地带修建,有的位于河谷山体的山顶,有的位于山腰。在这样的地理位置上兴建寺庙,与当时的城堡、聚落接近,既靠近"权力机构",又深入民众,有利于佛法的弘扬。

2. 佛殿选址

如前文所述,这些宗教建筑多选择在河谷地带的山顶或山腰位置建造,有的还建有围墙及碉堡,防御性较强,且靠近统治阶级的城堡,有利于保持与他们之间的密切联系,得到他们的支持。

3. 佛殿平面形制

这些佛殿的规模较小,平面形制较简单,有"亚"字形、方形,亦有周边一圈小佛殿相围绕的形式,总体来说,以"凸"字形居多。一般中心佛殿为方形,凸出部分为主供佛像位置,或是一间佛殿。

由于这些宗教建筑的建造时期较早,当时佛教并未在西藏地区引起较大影响,可能没有数量众多的僧人及信徒,因此,其佛殿规模并不大。这些佛殿可能多用于供奉佛像等佛教用品,而且多为王室贵族等少数人服务。

这个时期的佛殿内部并未设置转经道,也有可能因为保存问题,并未在遗址中明显地显现出来。

4. 佛殿朝向

宗教建筑的方位及朝向,有的时候不仅仅是对日照、采光的追求,更是受到宗教影响。"东南亚宗教建筑的方位、朝向往往受到强烈的宗教影响,印度教—佛教主要建筑的方位和入口几乎毫无例外地选择东—西向,即入口在东边,圣殿在西边……印度佛教建筑一般都是东西向的……"[①]

前文所述宗教建筑遗迹大都选择了坐西朝东,这样建造的一个原因是,可能受到了印度佛教建筑选址和朝向的影响。在藏传佛教上路弘传时期,阿里地区迎来许多印度佛教高僧,并派僧人前去印度学习,因此该时期的宗教建筑在一定程度上受到印度寺庙的影响。

5. 就地取材、土坯砖砌筑

藏族建筑的材料主要为木材、石材及黏土三类。由于自然环境的限制,阿里札达县地区十分缺乏木材与石材,人们便依土林挖掘洞窟居住,利用当地的土壤建造房屋。前文所述宗

---

① 谢小英. 神灵的故事:东南亚宗教建筑[M]. 南京:东南大学出版社,2008:245.

教建筑遗址的墙体及佛塔均为土坯砖(图 2-24)砌筑,即将当地的黏土经过简单处理成型后垒砌成墙体(图 2-25)。

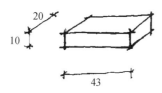

图 2-24　土坯砖(单位:厘米)
图片来源:笔者绘制

图 2-25　遗址墙体及土坯砖
图片来源:笔者拍摄

这反映出阿里人民因地制宜建造建筑,但由于其他材料的缺乏,只用土坯砖砌筑的建筑难抵自然的侵蚀,如前文所述的宗教建筑遗址的保存状况并不好。

第3章
后弘期的大型宗教建筑

大部分藏学专家将公元 10 世纪至公元 14 世纪末、15 世纪初格鲁派建立的这段时间跨度定为佛教在西藏发展的"后弘期"。如前文所述,西藏西部地区的古格王国大兴佛教,率先建立多座佛教寺庙,成为后弘期上路弘传的佛法中心,并迅速将佛法的影响向周边地区扩散。

阿旺扎巴所著、意大利学者罗伯特·维达利注释的著作《古格普兰王国史》中涉及一些阿里地区佛教寺庙历史的线索,书中提及在古格王朝的拉喇嘛·益西沃时期,阿里三围建有包括托林寺、科迦寺、塔波寺、玛那寺、皮央寺等最早的八座佛寺[①]。上文所述宗教建筑遗址与这些寺庙有一定的联系。由于历史及环境影响,建于该时期的佛寺很难将其原貌保留至今,大都经历了多次重建和扩建,建筑带有不同时代的特性。因此,笔者在分析不同时间段所建宗教建筑的特点时,以各寺庙的各个佛殿为单位进行比较,而非整个寺庙。

3.1 托林寺

托林寺(图 3-1)是西藏西部地区著名的寺庙,建于公元 996 年,有该地区历史上"第一座佛教寺院"之称。虽然,该寺庙到底是否为西藏西部地区佛教寺院的第一座,已很难考证,但是,这充分说明这座历史悠久的寺庙具有很高的宗教地位。

"托林寺"藏语意为悬空寺或飞翔于空中的寺庙,许多佛教高僧都曾在这里著书传教、译经授徒,对佛教在阿里地区甚至整个藏族聚居区的发展起到了巨大的推动作用,对藏传佛教后弘期弘法的形成及发展作出重要贡献,1996年,该寺庙被定为全国重点文物保护单位。

图 3-1 托林寺鸟瞰图
图片来源:札达县文物局提供

---

① 霍巍.古格王国:西藏中世纪王朝的挽歌[M].成都:四川人民出版社,2002.

3.1.1 地理位置

该寺位于札达县托林镇的西北部,属于札达盆地的土林地带,紧邻象泉河南岸的台地,高出河床约 47 米①。寺庙周边地势较平坦,与县城建筑结合在一起,距离上一章节所述的托林寺旧址的直线距离大约 1.3 千米,旧址位于山上,而现在的托林寺建在象泉河畔(图 3-2、图 3-3)。

图 3-2　托林寺塔及山上废墟
图片来源:笔者拍摄

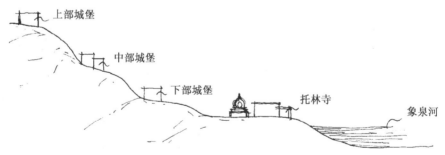

图 3-3　托林寺旧址与托林寺位置剖面示意图
图片来源:笔者绘制

3.1.2 历史沿革及其宗教地位

拉喇嘛·益西沃(古格国王)于公元 10 世纪末,即藏历火猴年(公元 996 年)创建了托林寺。当时的托林寺没有如今的规模,初期的佛殿只有两座建筑——朗巴朗则拉康及色康佛殿。

---

① 王辉,彭措朗杰.西藏阿里地区文物抢救保护工程报告[M].北京:科学出版社,2002:3.

根据文献记载,拉喇嘛·益西沃选派仁钦桑布在内的21名童子到印度学法,并迎请印度达摩波罗法师的弟子波罗松到阿里传授佛教戒律。仁钦桑布学成后返回托林寺,成为著名的大译师,他在托林寺著书立说,还对前人的佛学典籍进行了多方面的修订,他修订后的密集称为"新密"。仁钦桑布还担任了托林寺的堪布多年,并逐渐扩大寺庙规模。

拉喇嘛·益西沃和仁钦桑布在托林寺所做的这一切,为"上路弘传"的兴盛打下了坚实的基础,也为藏传佛教在阿里地区的发展作出极大贡献。公元11世纪中叶,印度高僧阿底峡受邀来到托林寺传教布道,著有名作《菩提道灯论》及20余种著作。阿底峡带动了西藏佛教的复兴,托林寺也因阿底峡的驻锡而逐渐成为当时藏族聚居区的藏传佛教中心,可见该寺庙的宗教地位之高。

公元1076年,古格国王——孜德在托林寺举行"火龙年大法会",以纪念阿底峡大师去世22周年。这次大法会是藏传佛教后弘期以来,藏族聚居区各地佛学大师们的第一次大型集结法会。经过这样一系列的弘扬佛法的举措,古格成为藏传佛教后弘期的佛教中心,影响到西藏其他地区。

公元12—14世纪,噶举派、萨迦派在阿里地区的势力较大,古格及托林寺都曾归萨迦派统治。

公元15世纪,宗喀巴大师的徒弟——噶林·阿旺扎巴来到古格传播格鲁派。他来到托林寺传教、授课,于是托林寺成为格鲁派的寺庙。托林寺亦在这一时期得到扩建,杜康大殿、拉康嘎波大约建立于该时期。第四世班禅大师罗桑曲杰坚赞,应末代古格王扎巴扎西之邀来到托林寺,大大提升了托林寺的宗教地位,成为格鲁派在西藏西部的一座重要寺庙。

17世纪30年代,拉达克国王使用武力征服了古格王国,劫掠了托林寺内众多的佛像、经书等价值连城的供物,损坏了塔林及殿堂内的壁画。托林寺在此劫难中遭受了很大程度的破坏。据说,在17世纪80年代,由于教派之争,拉达克军队再次侵占托林寺,抢劫寺庙财物。

公元18世纪中叶,七世达赖喇嘛格桑嘉措任命赤钦阿旺曲丹为托林寺的首位堪布或托林寺的首位赤巴,由于他属于色拉寺阿巴扎仓,此后,历任托林寺的堪布均由色拉寺阿巴扎仓派出,而托林寺成了色拉寺的属寺,慢慢形成了一整套的选拔及任用制度。赤钦阿旺曲丹在其任内维修了寺内的诸多佛塔。

1841年,道格拉王室在英国的支持下进攻阿里地区,托林寺再次遭到破坏。虽然次年藏军收复了失地,但阿里地区的多数寺庙破坏严重,逐步走向了衰落。

1959年,西藏改革后,托林寺不再属于色拉寺,直接由阿里地区的札达县管理。"文化大革命"时期,托林寺再次遭毁,朗巴朗则拉康及色康佛殿均毁于此时。20世纪80年代后,托林寺得到了西藏地方政府的重视,政府多次派专人维修和保护寺庙建筑,并且恢复了其宗教活动。

3.1.3　建筑及其布局

该寺整体位于象泉河南岸的一处较为平坦的台地上,寺庙顺应地形而建,东西长,南北窄,呈条形分布。"规模较大,包括朗巴朗则拉康、拉康嘎波、杜康等三座大殿,巴尔祖拉康、玛尼拉康、吐及拉康、乃举拉康、强巴拉康、贡康、却巴康等近十座中小殿,以及堪布(寺院住持)私邸、一般僧舍、经堂、大小佛塔、塔墙等建筑"①。托林寺的建筑主要由殿堂、僧舍区及土塔、塔墙区两个部分组成,殿堂、僧舍的布局较为集中,佛塔的布局散漫(图 3-4),占据面积大,"两部分共占地 495 万平方米,占据了象泉河南岸台地的大半"②。

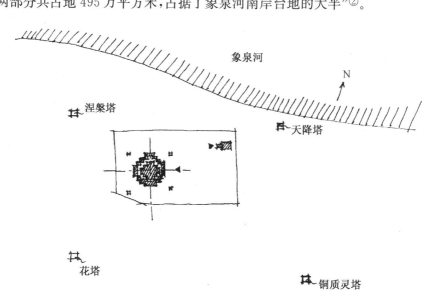

图 3-4　托林寺早期范围
图片来源:笔者绘制

殿堂是该寺的主体,殿堂与僧舍外围的围墙多是后期加建的。殿堂区域以最早建造的朗巴朗则拉康(迦萨殿)为中心,在该殿外墙的四角建四座小塔(内四塔),在距离该殿较远的范围建四座大塔(外四塔),色康佛殿亦分布在外四塔的范围之内。外四塔(可对应图 3-4 中塔的位置)为:迦萨殿东北角 200 余米处的"天降塔"、东南角 500 余米处的"铜质灵塔"、西南角 300 余米处的"花塔",以及西北角的"涅槃塔"。经过历史的变迁,托林寺内的规模发生了变化。在朗巴朗则拉康及色康殿的周围又兴建了其他的佛殿,均分布在外四塔的范围内。西北角的"涅槃塔"塌陷后,在其位置处建造了两排各由 108 座小塔组成的塔墙(图 3-5),两排塔墙之间还分散建造了一些体量较大的土塔。

朗巴朗则拉康与周边殿堂之间形成了一个约 500 平方米大小的广场空地,是每年举行跳神、表演藏戏、讲经、辩经等大型活动的场所,寺内其他殿堂排列在朗巴朗则拉康东西向轴线的南北两侧。

寺院内的建筑都在不同时期受到过程度不同的破坏,该寺庙于 1996 年被列为全国重点文物保护单位,国家多次派专家对其进行修缮。

1. 朗巴朗则拉康(迦萨殿)

朗巴朗则拉康,意为遍知如来殿。该殿又称迦萨殿,迦萨在藏语中意为"一百",因而迦萨殿意即百殿,可见其殿堂众多。该殿是托林寺中最早修建的佛殿,应是阿底峡抵达托林寺之前的建筑,其形制也最为独特(图 3-6)。

迦萨殿朝东偏北 40°左右,其殿堂平面整体呈"亚"字形,即大型的曼荼罗(坛城)样式,

①　索朗旺堆.阿里地区文物志[M].拉萨:西藏人民出版社,1993:120.
②　王辉,彭措朗杰.西藏阿里地区文物抢救保护工程报告[M].北京:科学出版社,2002:10.

由中心的五座佛殿、外围的十八座①佛殿及四座塔共同组成。

图 3-5　塔墙
图片来源：笔者拍摄

图 3-6　迦萨殿入口
图片来源：笔者拍摄

中心佛殿主供遍知大日如来佛，周围四个方位上的小佛殿分别供佛、度母、菩萨、罗汉等（迦萨殿内各佛殿名称及考古发现基本情况如表 3-1 所示，佛殿序号与图 3-7 所示相同）。包括大日如来殿在内的中心五座佛殿组成小"亚"字形，外围由四大殿、十四小殿围合，其间形成一个大的转经道（图 3-7），转经道将外围的佛殿连接在一起，包括四角的塔楼在内与整组建筑形成一个整体。整组殿堂规模较大，总体东西长约 60 米、南北宽约 57 米。

据藏文史书记载，迦萨殿仿照山南桑耶寺的平面布局形式而建，建造者将桑耶寺建筑群体所表现的设计思想和内容组织在这一幢建筑中，中心的"亚"字形佛殿象征佛教世界中的须弥山，外围的佛殿象征四大部洲和八小部洲，"四角高耸的四小塔代表护法四天王"②，形成一个立体的曼荼罗，其总体布局比桑耶寺更加紧凑，给人以更深刻的印象和感染力。根据《西藏阿里地区文物抢救保护工程报告》中迦萨殿的模型复原图（图 3-8），外围佛殿空间较低，中心的五座佛殿空间较外围佛殿高，原内殿屋顶正中还有高出的庑殿式金顶一座，这是整座殿堂的制高点，为曼荼罗的中心，从外到内，空间逐渐升高，形成立体曼荼罗的空间序列感。

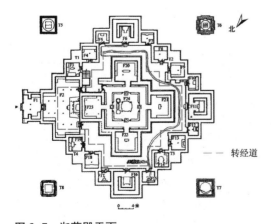

图 3-7　迦萨殿平面
图片来源：《西藏阿里地区文物抢救保护工程报告》

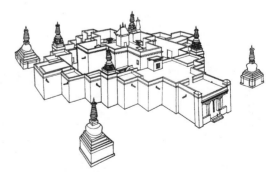

图 3-8　迦萨殿模型复原图
图片来源：《西藏阿里地区文物抢救保护工程报告》

---

① 王辉，彭措朗杰. 西藏阿里地区文物抢救保护工程报告［M］. 北京：科学出版社，2002：15.
② 索朗旺堆. 阿里地区文物志［M］. 拉萨：西藏人民出版社，1993：122.

表 3-1　迦萨殿各佛殿名称及考古发现基本情况①

佛殿序号	名称	佛殿规模（米）	出土建筑遗物
F1	天王殿	8×4	栈棍
F2	释迦殿	21.2×11.8	木柱础、残柱、天花板、托木
F3	护法神殿/大威德殿	4.4×4.4	残柱、木板
F4	阿扎惹殿	4.4×4.3	木棍、边玛草
F5	吉祥光殿	4.3×3.9	石片、边玛草、门楣垫木
F6	药师佛殿	3.7×3.5	动物木雕残件、彩绘天花板
F7	观音殿	4.1×3.7	圆形柱洞、小木棍
F8	度母殿	4.4×4.3	残柱、小木棍
F9	五部佛殿	4.4×4.4	柱洞、门框
F10	吉祥天女殿	4.2×3.3	原屋顶残存木棍、干草
F11	弥勒佛殿	7.2×8.5	柱础、托木、天花板、石板
F12	金刚持殿	4.2×3.3	柱础、天花板、石板、卵石
F13	佛母殿	4.7×4.4	方形柱础、天花板
F14	修习弥勒殿	4.5×4.4	柱础、天花板、石板
F15	宗喀巴殿	4.2×3.3	柱础、石板、门下设有出水暗道
F16	无量寿佛殿	8.4×7.4	托木、天花板、石板
F17	甘珠尔殿	4.1×3.3	方形柱洞、干草
F18	丹珠尔殿	4.4×4.4	圆形柱洞、木门槛
F19	文殊殿	4.3×4.1	石质柱础、彩绘天花板
F20	宝生佛殿	7.3×6.3	柱洞、托木、木板
F21	无量光佛殿	7.3×6.3	柱洞、木板、石板
F22	不空佛殿	7.2×6.3	柱洞、木板、石板
F23	不动佛殿	7.3×6.3	柱洞、木板、石板
F24	遍知大日如来殿	14×14	柱础（横向 4 排、每排 6 个）、托木、天花板、石片等

由表 3-1 可知,考古工作人员对迦萨殿的发掘结果多为柱础、天花板、托木等残件,该殿损毁较为严重,顶部已全部不存,塑像、壁画等损坏殆尽,至今已无大木构件的遗存,因此,难以分析其柱头、托木等样式。笔者调研时,在迦萨殿中心佛殿内看到堆放在一起的托木等构件(图 3-9),不确定是否属于该殿的原构件。从该殿残存的门框等小木构件可见当时雕刻很精美(图 3-10)。

---

① 该表格资料来源:汪永平老师提供《西藏托林寺勘察报告》(未正式出版)。

图 3-9　迦萨殿散落的木构件
图片来源:笔者拍摄

图 3-10　门框木雕
图片来源:笔者拍摄

位于迦萨殿十字轴线上的外围佛殿内部设置了室内转经道,中心佛殿与外圈佛殿之间亦形成转经道。这些佛殿分别供奉着各种佛、菩萨、度母等塑像,大多塑像只剩头部、脚部或佛像基座、背光等,有的佛殿墙壁上依稀可以看到残留的壁画。

虽然朗巴朗则拉康是托林寺中建成最早的佛殿,"然因后世发展过程中出现的维修和重新装修,其 23 座殿堂的现存壁画中没有遗留与建筑始建年代同期的壁画作品……壁画的年代为 12 世纪或 13 世纪"[①]。

从考古发掘的遗存及资料可以得知,朗巴朗则拉康是西藏西部宗教建筑艺术的上乘之作。该佛殿建成以后,吸引着各地的香客前来朝拜。据说,公元 15 世纪,拉达克王扎巴德和次旺朗杰曾先后两次派人测绘该殿,按照其独特的样式,在拉达克境内兴建寺庙。其后,五世达赖喇嘛时期,拉萨来的画师将该殿作为独特完整的寺庙建筑蓝本绘入大昭寺中廊墙壁上,从而将其未经损毁时的原貌保留。

由于人为和自然原因的破坏,1997 年考古工作者在托林寺开展考古工作时,迦萨殿仅剩下残垣断壁。虽然整组殿堂顶部不存,塑像、壁画等损坏严重,但从各个佛殿残留的佛像基座及背光上仍可以想象到其当年辉煌的气势。

2. 色康佛殿(金殿)

色康佛殿又名金殿,"因其殿堂内壁画全部用金汁绘制,故名'色康',意即金殿"[②]。佛殿位于现寺庙围墙的东北角处,距离迦萨殿约百米。据说,该殿与迦萨殿的建造年代一致,为托林寺内最早的建筑之一,并且由大译师仁钦桑布参与设计。

金殿坐西朝东,规模较小,由前后两个部分组成,现在我们看到的只有底层墙基和四周台地,据史籍记载,前部为"凸"字形单层殿堂,后部原为三重檐有回廊攒尖顶建筑,在杜齐先生的《西藏考古》图版中有其较为完整的形象,并称该殿为"托林寺始庙"(图 3-11 所示金殿原貌及现状)。据《历史宝典》介绍,"次殿(后殿)是三层楼(与杜齐的老照片相符),顶层供奉

① 张蕊侠,张建林,夏格旺堆.西藏阿里壁画线图集[M].拉萨:西藏人民出版社,2011:3.

② 同①

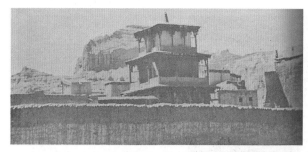

图 3-11　上图金殿原貌照片，下图金殿现状照片
图片来源：上图源自《西藏考古》，下图笔者拍摄

事部众佛，二层为无上瑜伽部众佛，以金汁绘于壁上。五世达赖喇嘛修缮大昭寺的时候，将色康壁画按原样画于大昭寺中。大译师仁钦桑布晚年在色康闭门修行直至升上天界之美闻所传之地乃本殿也"。

前殿由门廊和方形殿身组成，门廊南北长约 8 米，东西宽约 1 米，殿身边长 8 米多，建筑面积达 88 平方米。殿身西墙有宽近 2 米的门洞，应该是通向后殿的后门（图 3-12）。《西藏阿里地区文物抢救保护工程报告》中描述，殿内原有坛城，四周墙壁有壁画及佛像背光的遗迹。殿身内原有四柱，现存方形柱础，该殿出土文物中有双层十字托木构件 4 个以及彩绘的望板若干，可见该殿屋盖结构较讲究[1]。

后殿与前殿相距约 1 米，为边长 3 米多的方形平面。从佛殿周边遗迹推测，后殿四周有一圈转经道，其地面与殿内同高，外围是一圈实墙。南、北、西三面墙上是圆形曼荼罗壁画。

有专家推测该殿为密宗神殿，有一种独特的佛教供奉的形式，应该是仁钦桑布大师的修炼之所，可能也是仁钦桑布与阿底峡尊者谈论佛法心得，并按照尊者所著《密咒幻镜解说》修炼直至逝世的地方。

3. 拉康玛波（杜康大殿/红殿/集会殿）

据史籍记载，公元 15 世纪中叶，古格国王罗桑绕丹资助过宗喀巴大师的弟子——噶林·阿旺扎巴。阿旺扎巴来到托林寺传教授课，弘扬格鲁派，托林寺在这个时期得到扩建，杜康大殿便是此时由古格的王后顿珠玛主持修建的。

杜康大殿在藏语中是僧众集会地之意，因外墙涂满红色又称红殿（图 3-13）。该殿是现有托林寺建筑群中保存较为完整的一座，位于迦萨殿东面偏南约 50 米处，坐西朝东，现与红殿相连的还有护法神殿、厨房及僧舍。整座红殿东西长约 35 米，南北宽约 21 米，建筑面积约 588 平方米，规模仅次于迦萨殿（图 3-14）。

大殿由门廊和平面类似"凸"字形的殿堂组成，殿堂又可以分为经堂、佛堂两部分，佛堂左右两侧还有对称的两个耳室，这种平面布局形式与格鲁派寺庙拥有较大的经堂的特点相符合，也印证了上文中提及的该佛殿建成的时间在格鲁派兴起之后。

---

① 王辉，彭措朗杰.西藏阿里地区文物抢救保护工程报告[M].北京:科学出版社,2002:43.

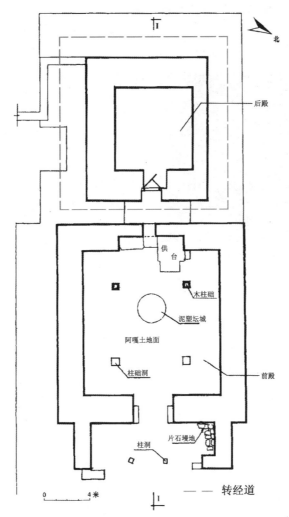

图 3-12　金殿平面图
图片来源:《西藏阿里地区文物抢救保护工程报告》

图 3-13　红殿
图片来源:笔者拍摄

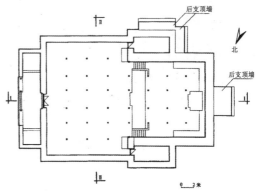

图 3-14　红殿平面图
图片来源:《西藏阿里地区文物抢救保护工程报告》

门廊共设三柱,其中南端的一根八角形的柱子,上承单层托木,采用近似镂空的雕刻,样式较为古朴,可能为寺内最早的托木形式。据藏文文献记载,殿内原供有高大的三世佛铜像及大译师仁钦桑布、莲花生、米拉日巴、宗喀巴等各派高僧的铜像或塑像,如今造像已毁。殿

图 3-15　天花、壁画及替木
图片来源:笔者拍摄

内原供奉一座合金佛塔,内藏用金汁书写的佛经《八千颂》。

殿内壁画和彩绘天花板基本保存完好。天花板彩绘图案极具特色,一个主题图案往往横跨数个椽档,构图大气、华丽、饱满、色彩艳丽,大幅的几何纹、卷草、飞天、迦陵频伽、双狮等图案栩栩如生,这种望板彩画的布局形式较罕见(图3-15);门廊壁画中的十六金刚舞女采用线条优美、色彩清淡的工笔画法,高雅脱俗,衣饰及绘画风格与汉地、于阗等地的手法极其相似,将于下文阐述。

4. 嘎波拉康(白殿)

嘎波拉康因外墙涂满白色又被称为白殿(图3-16),位于杜康大殿东北约125米处。该殿门朝南偏西,平面由门廊和略呈"凸"字形的殿堂组成,南北长约27米,东西宽约20米(图3-17),建筑面积达555平方米,是托林寺内的第三大殿堂。

图 3-16　白殿及殿前广场
图片来源:笔者拍摄

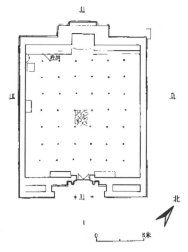

图 3-17　白殿平面图
图片来源:《西藏阿里地区文物抢救保护工程报告》

对于该殿的建立时间,有以下资料可查:"……此殿原奉有萨迦班智达塑像,壁画所绘祖师像中已有萨迦祖师像,且有宗喀巴像……萨迦高僧与格鲁高僧并重……又此殿柱头托木系双层式样……可推知托林寺嘎波拉康的时代当亦在15世纪。"[①]

---

① 宿白.藏传佛教寺院考古[M].北京:文物出版社,1996:154-155.

门廊与殿身同宽,门廊两侧是现已封闭的两个耳室。殿门为木质门框,雕以三重花饰,殿门外有门罩装饰,由两道横枋和四座泥塑瓶状花柱组成,门罩整体呈淡蓝色,上绘白色或黄色的小花图案,笔者目前未在西藏其他建筑上见到过类似的门罩(图 3-18)。殿堂内有 42 柱,柱网呈矩形布置,面阔 7 间 6 柱,进深 8 间 7 柱,柱位有一定偏差,柱子截面方圆混杂,柱头上部均为双层托木,且托木正中雕有佛像。

殿堂四周环绕着矩形的佛像基座,北墙正中凸出放置供奉释迦牟尼佛像的佛台,其他佛台上的佛像已毁,仅存墙上的背光。殿内望板及四周墙壁绘有精美的壁画,保存较好。殿内为石板泥土铺地(图 3-19),而不是常用的阿嘎土地面,这种做法笔者目前未在西藏其他寺庙内见到。

图 3-18a　门罩及门框
图片来源:笔者拍摄

图 3-18b　门罩及门框
图片来源:笔者拍摄

图 3-19　殿内佛像基座及铺地
图片来源:笔者拍摄

5. 其他建筑

1)乃举拉康

乃举拉康位于迦萨殿与白殿之间,是体量较小的独立殿堂,殿内主要供奉罗汉像。

2)玛尼拉康

玛尼拉康的殿内设有高大的转经筒。在佛殿的周边还建有拉让楼及僧舍等建筑群。位于白殿西面的拉让楼,既是托林寺堪布的住处,也是寺庙曾经的管理机构,现已成废墟。

6. 佛塔

如前文所述,托林寺的殿堂周边分布着大大小小的佛塔几百座,可见,佛塔是托林寺的重要组成部分。

1)外四塔

这四座距离迦萨殿较远的佛塔,是与迦萨殿同时期建造的,限定着寺庙的范围,与迦萨殿的内四塔遥相呼应,与迦萨殿形成了一个更大范围的立体曼荼罗。

(1)天降塔(拉波曲丹塔)

天降塔位于迦萨殿的东北位置,原址仅存须弥座式的塔基,平面为方形,后将塔瓶复原,塔基边长约 10 米,每面正中雕刻忍冬草一束。

(2)铜质灵塔(桑吉东丹塔)

铜质灵塔位于迦萨殿的东南位置,现仅存塔基,规模与天降塔相仿,塔基四角处雕刻忍冬草。塔基呈方形,边长约 12 米。

(3) 花塔(曲丹查沃塔)

花塔位于迦萨殿的西南位置,是外四塔中保存最好的一座塔,塔基边长近 15 米,平面方形,塔基每面正中及转角位置均雕刻忍冬草。塔高约 15 米,是现存三座塔中体量最大的。塔身设"亚"字形坛城层级,在塔身的四面设有上窄下宽的 15 级天梯。

(4) 涅槃塔

涅槃塔位于迦萨殿的西北位置,该塔的位置最接近象泉河,随着象泉河河堤的垮塌,涅槃塔被河水冲走,现已无法得知其形式。

2) 内四塔

笔者梳理现有资料发现,目前学者们对于托林寺外四塔的定义没有争议,但是对于内四塔究竟是指位于迦萨殿外圈殿堂的四座塔,还是指迦萨殿外圈殿堂四角上的四座小塔,不同的资料有着不同的见解,笔者暂将迦萨殿殿堂外的四座佛塔定为内四塔。

内四塔位于迦萨殿外圈殿堂延长线交汇的四角位置,塔身垮塌较严重,已无法辨识其类型。四座塔的体量均等,边长约 5 米。考古挖掘的结果显示,在内四塔中两座尚未垮塌的塔座中设有小塔室,内有壁画及擦擦。

图 3-20　吉祥多门塔
图片来源:笔者拍摄

3) 迦萨殿四角塔

迦萨殿外圈殿堂的四角还设有四座小塔,保存情况较好,可看出其中一座为天降塔,其余三座为吉祥多门塔(图 3-20)。四座塔的体量均等,边长近 4 米,塔高约 7 米。

4) 迦萨殿附近的土质菩提塔

迦萨殿东面有座土质的菩提塔,体量较大,据说,塔内安放着仁钦桑布的骨灰。

5) 外围土塔

如前文所述,在外四塔中的涅槃塔垮塌的方位,建立了数量众多的佛塔,形成"塔林"。这些塔位于现在寺庙的围墙之外,紧挨象泉河南岸,布局较分散。

塔林中有两排各由 108 座小塔排列而成的"塔墙",根据《西藏托林寺勘察报告》描述,这样的塔墙,藏语称为"却甸仁布",意为长塔。据说每座小塔内均供奉着一颗大译师仁钦桑布用过的佛珠,经现场测量得知,每座小塔边长近 2 米。《西藏托林寺勘察报告》还指出,这些小塔的内部藏有擦擦及经书。

一排塔墙与现在托林寺的围墙接近平行,一排与象泉河的河岸接近平行(图 3-21a),有的是几座佛塔组成的集合(图 3-21b),《西藏托林寺勘察报告》指出,不同组合形式代表着不同的曼荼罗样式,还有的是散落布置的(图 3-21c),但是,这些外围土塔的保存状况都不好,很多塔坍塌为一个土堆。

托林寺殿堂周边佛塔的情况如表 3-2 所示:

图 3-21a 托林寺及塔林

资料来源：笔者根据 Google Earth 标注

图 3-21b 集中式外围土塔

图片来源：笔者拍摄

图 3-21c 分散式外围土塔

图片来源：笔者拍摄

表 3-2 托林寺佛塔

位置	佛塔序号	名称	塔基规模（米）	雕刻图案
外四塔	T1	天降塔	10×10	忍冬草
	T2	铜质灵塔	12×12	忍冬草
	T3	花塔	15×15	忍冬草、吉祥八宝
	T4	涅槃塔	—	—
内四塔	T5-8	—	5×5	—
迦萨殿四角塔	F9-11	吉祥多门塔	4×4	未清晰辨识
	F12	天降塔	4×4	未清晰辨识
塔墙		—	2×2	—

3.1.4 建筑构件及装饰艺术

托林寺这座有着上千年历史的阿里地区的古老寺庙,虽经历了改、扩建及自然、战争的破坏,但从其遗留的建筑构件等元素,可以看出还是保存了一些该地区早期寺庙建筑的特点。

1. 托木形式

该寺庙的柱头托木规格较小,轮廓及雕刻较简洁,且多为双层,而梁端托木多为单层。依据各佛殿的不同尺度、不同的屋顶样式、不同的修建时间,托木样式仍存在着差异。考古学家在发掘迦萨殿时,在佛殿的范围内发现了分散的托木,均为双层托木,规格比其他佛殿的现存托木略大,雕刻较简单的忍冬纹图案。笔者调研时,发现迦萨殿的中心佛殿内堆放着许多的零散木构件,其中有很大一部分属于柱头托木部分(图3-22),其原有表面可能有彩绘,现只留木材本身的颜色。笔者对这些托木进行了拍照、勾画简图等资料的记录,现将结果整理如下(图3-23)。

金殿内发掘出的柱头托木亦为双层,且呈"十"字形,与其屋顶样式有关,上刻忍冬纹图案,样式较为考究(图3-24)。

图 3-22a　分散的木构件
图片来源:汪永平老师提供

图 3-22b　分散的木构件

图 3-23　迦萨殿柱头托木样式
图片来源:笔者绘制

图 3-24　金殿柱头托木(长约1.2米)
图片来源:《西藏阿里地区文物抢救保护工程报告》

红殿与白殿的建造时间相近,其托木形式亦相似,规格略有不同,多雕刻忍冬纹,托木正中刻有方框,内浮雕花饰。白殿内有两枚双层梁端托木,上下层托木之间雕刻立狮图案(表3-3)。

表 3-3　托林寺红殿与白殿柱头托木对比

红殿柱头托木（长约 1.9 米）	
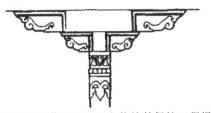 图片来源：《西藏阿里地区文物抢救保护工程报告》	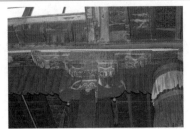 图片来源：笔者拍摄
白殿柱头托木（长约 1.9 米）	
 图片来源：《西藏阿里地区文物抢救保护工程报告》	 图片来源：笔者拍摄

2. 佛像基座及背光

　　虽然迦萨殿损毁严重，但从其残存的佛像基座、塔座、背光等，可见该佛殿建立之初的精美及辉煌。这些装饰呈现出了与其他殿堂不尽相同的艺术风格。遗址内的佛像基座立面雕刻精美，两狮对称立于矩形佛座正面两端，中间为立士，立士与两狮之间又用立柱相隔。

　　该遗址内还可清晰见到莲花座，莲瓣宽大扁平，并非饱满的核仁状莲瓣。佛殿墙壁上还存有佛像的背光、头光，与前文所述托林寺旧址的遗址内发现的背光一样，均雕刻精美（图 3-25）。

图 3-25　佛像背光、头光
图片来源：汪永平老师提供

图 3-26　腹肌隆起的佛像
图片来源：笔者拍摄

图 3-27　金刚舞女
图片来源：《托林寺》

笔者在迦萨殿的遗迹中亦发现有"腹肌隆起"的佛像残存(图3-26),在许多佛塔内遗存的擦擦上,亦可见到该种表现形式的佛像。

3. 壁画

在红殿门廊中由十六位金刚舞女组成的壁画尤为引人入胜。这组舞女的姿态婀娜、身形丰腴、衣带飘舞、活灵活现,画面线条圆润流畅,表现力较强,而非颜色鲜艳的渲染,画面较为典雅,与佛殿内的壁画风格迥异,在西藏地区极为少见,是西藏寺庙壁画中的独特代表(图3-27)。其表现手法与汉地的壁画相似,但舞女身上的细节又带有克什米尔的风格,例如下身着薄纱裙,丰乳细腰,佩戴耳环、颈环、手环、尖角形的头冠等配饰。

托林寺各佛殿的特点总结如表3-4所示:

表3-4　托林寺各佛殿特点

佛殿名称	年代(公元)	平面形制	朝向	托木	背光	转经道
迦萨殿	10世纪	亚字形	东	单/双层	有	有
金殿		凸字形	东	双层十字	有	有
红殿	15世纪中叶	凸字形	东	双层	无	无
白殿	15世纪	凸字形	西南	双层	有	无

3.1.5　属寺

托林寺下属二十五座属寺,遍布阿里地区,这些属寺分别属于萨迦派、竹巴噶举派及格鲁派:

1. 萨迦派

喜谢寺、培旺寺、日布杰林寺、顶噶举寺、康色觉卧寺。

2. 竹巴噶举派

穷龙寺、叶如寺、达巴扎什伦布寺、热贡寺、洞波扎西曲林寺、堆曲寺、玛那寺、罗康寺、多香寺、热底岗寺、曲色寺、噶日寺、努寺、萨让寺、培噶寺、布日寺、落寺。

3. 格鲁派

色缔寺、贡普寺、苏毛如寺。

托林寺的下属寺庙数量很多,可见托林寺是阿里地区宗教地位很高的寺庙,在宗教方面具有很大的影响力。这些属寺由于时代、教派和自然环境等方面的差异,建筑结构与艺术风格也各不相同,在"文革"时期大多被毁。近年来,在党和政府的关怀下,僧侣群众正在陆续重建寺庙。

3.2　科迦寺

如前文所述,科迦寺亦是西藏西部地区的古老寺庙之一(图3-28、图3-29),与托林寺一样都建于公元996年。该寺在国内外享有很高的声誉。"科迦",藏语是"赖于此地,扎根于此地"的意思。

图 3-28　科迦寺
图片来源:笔者拍摄

图 3-29　科迦寺周边环境
图片来源:笔者拍摄

3.2.1　地理位置

　　该寺坐落于普兰县城东南约 19 千米的科迦村,海拔约 3 800 米,位于中国与尼泊尔的边境地区,是口岸通商和香客出入的必经之道。据文管会的达瓦主任介绍,从尼泊尔、印度来阿里的僧人走到此地,在这里休息,便修建了科迦寺,后围绕科迦寺建成了科迦村,这个说法体现了处于边境地区的科迦寺与尼泊尔、印度之间的渊源。科迦村选址在孔雀河东岸,环境宜人,科迦寺亦依山傍水,因地制宜。整座寺庙殿宇巍峨,风景独特,十分迷人。由于科迦寺的特殊地理位置,对于促进中国西藏、尼泊尔、印度等地宗教文化的交流及传播起到了极其重要的推动作用(图 3-30)。

图 3-30　科迦村
图片来源:笔者拍摄

3.2.2　历史沿革及其宗教地位

　　《阿里地区普兰县科迦寺保护维修工程险情分析及维修设计》中记载的科迦寺的建寺时间更早,建于公元前古象雄时代,属于本教寺庙,曾供奉雍仲本教创始人敦巴辛饶米沃的铜像,"文革"期间被毁。

据文物普查资料记载,现今科迦寺始建于公元996年,由大译师仁钦桑布按照拉喇嘛·益西沃的意愿而建。最初的寺庙规模有两座佛殿——嘎加拉康与觉康殿,据《西藏阿里地区文物抢救保护工程报告》记载,大译师仁钦桑布在嘎加拉康的周边又修建了桥居拉康、强巴拉康、桑吉拉康、护法殿及经书殿,使得科迦寺成为一座佛、法、僧俱全的寺庙。

公元13世纪的古格王赤扎西多布赞德增建了扎西孜拉康。公元15世纪,普兰王国的势力日渐强盛,前来科迦寺朝圣的香客及僧人络绎不绝,普兰王扎西德为科迦寺添加了三尊银质佛像,称为"科迦觉沃",可与拉萨大昭寺内的释迦觉卧相提并论。

1898年,觉康殿遭遇火灾,由地方政府出资修复。1938年,孔雀河水上涨,寺庙受淹,佛像、壁画等受损严重。20世纪80年代后,政府出资对寺庙进行大规模维修。

科迦寺早期的教派为阿底峡的传承教派。公元13世纪初,直贡噶举派在普兰的神山圣湖越发活跃,普兰王便将科迦寺交与直贡派的大师们,于是科迦寺成为直贡噶举派属寺,成了直贡派在神山的重要活动中心。公元15世纪左右,普兰被木斯塘王[①]管辖。由于木斯塘王信奉萨迦教派,因此将科迦寺交由萨迦派经营,传承至今。

由于科迦寺地处中国与尼泊尔的边境地区,加之"科迦觉沃"的盛名,尼泊尔及印度的许多信徒来此朝圣,该寺成为不同地区宗教文化的汇集地。

3.2.3 建筑及其布局

科迦寺入口朝东,院内现存两座旧殿堂——嘎加拉康和觉康殿,均为若干房间组成的复合二层多边形建筑。觉康殿入口朝北,嘎加拉康入口朝东。两殿呈"L"形布置,之间形成一个小广场,广场上有水井、经幢和香炉。嘎加拉康的南侧是近年才重建的玛尼拉康,为方形建筑,内有巨大的玛尼轮(转经筒)。嘎加拉康西侧紧邻科迦村与外界联系的主要道路,寺庙建筑四周,保留有转经道,有的部分为暗道,从民居建筑的下部穿过(图3-31、图3-32)。

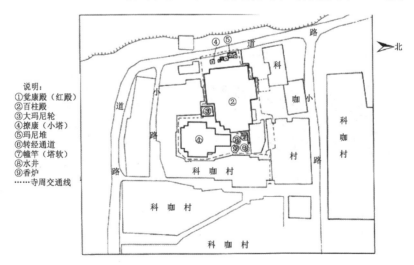

图3-31 科迦寺总平面
图片来源:《西藏阿里地区文物抢救保护工程报告》

---

① 木斯塘建立于1380年,是古罗王国所在地,位于尼泊尔中北部,与西藏仲巴县比邻。

图 3-32　科迦寺外墙
图片来源:笔者拍摄

1. 嘎加拉康(百柱殿)

藏文"嘎加"即一百的意思,形容殿内用柱较多。该殿体量较大,包含大、小多座殿堂及僧侣生活用房(图 3-33)。

从该殿堂的位置、朝向及体量上看,百柱殿应为科迦寺的主殿。据记载,百柱殿是科迦寺建造的第一座殿堂,从殿内遗存构件、壁画等尚能看出一些早期建筑的痕迹。但由于该建筑遭遇过洪灾及火灾,经历过多次修建,梁柱等木构件大都经后世替换。

该殿坐西朝东,平面呈多边"亚"字形,基本沿东西轴线对称,由于后期的维修及扩建,现其平面略有不对称之处(图 3-34),形成在大殿周围环绕许多小佛殿的平面布局样式。

图 3-33　百柱殿及转经的人
图片来源:笔者拍摄

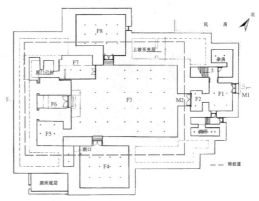

图 3-34　百柱殿平面图
图片来源:《西藏阿里地区文物抢救保护工程报告》

从该殿现状图来看,经过大门 M1 来到立有四根方柱的门厅 F1,穿过 T1 西墙上的门洞,来到内部立有两根方柱的小门厅 F2,两个门厅内的立柱在东西向上位置一致,并与主殿内的立柱一致,但从其柱身及托木形式来看,像是后期加建或重修的。M1 的位置不在东西向的轴线上,而进入主殿的大门 M2 位于主殿东墙的正中位置,即轴线上,其门框、门楣均设多层雕刻装饰,有花草、鸟兽、佛像、佛龛等各种题材,十分精美。

每层的大门门框及门楣均雕塑细致,有狮子或佛像等图案,反映着佛教典籍中的故事情节。门框两边自上而下对称地分隔有八个格子,每个格子中原本亦有雕刻,现已被损坏(图3-35)。笔者推测,该门可能是百柱殿初建时的原物,可能是由来自印度、尼泊尔等地的工匠所建。

中央大殿东西向长近 20 米,南北向宽约 13 米,殿内原有立柱为方柱,后期加建的柱子有方有圆,柱头托木皆为单层,方向与梁垂直(图3-36),这与一般殿堂做法不同。位于中央大殿东西轴线南侧的小殿堂 F6 为"桥居拉康",其内部的托木摆放方向与中央大殿一致,且内部残存的壁画风格与古格、托林一带的寺庙较为相似。笔者在史籍记载的基础上,推测桥居拉康、中央大殿及大门 M2 可能属于百柱殿初始建筑。如图 3-34 所示虚线部分墙体厚约 5 米,且为空心,笔者推测原为转经道,后期封闭,将于下文分析该佛殿的平面演变过程。大殿二层与首层在建筑风格上相差甚远,应属不同时期建造。

2. 觉康殿(释迦殿)

觉康殿又名释迦殿,它是僧众聚集诵经的场所,该殿由一条南北向的轴线贯穿廊院、门廊和主殿三个部分。根据《西藏阿里地区文物抢救保护工程报告》记载,该殿在公元 19 世纪遭遇火灾,木构件被烧殆尽。

图3-35　百柱殿大门 M2
图片来源:笔者拍摄

图3-36　百柱殿梁柱
图片来源:笔者拍摄

廊院由回廊及大殿的门廊共同围合而成,是 20 世纪 80 年代末增建的。廊院门两侧悬挑小斗拱,承载门上凸出的屋檐(图3-37),这是卫藏地区的习惯做法。回廊用方柱,柱上施简易的单层托木。廊内设有卡垫,供人们休息诵经(图3-38)。

图 3-37 屋檐正面、侧面
图片来源：笔者拍摄

图 3-38 释迦殿廊院
图片来源：笔者拍摄

　　主殿平面呈多边"亚"字形，亦为曼荼罗样式，殿内经堂呈"凸"字形，殿身南北长约 30 米，东西宽约 20 米，殿门设于北墙正中，宽约 2 米。经堂南北长 25 米，立五排方柱，东西宽约 8 米，立两排方柱（图 3-39）。柱头略呈斗状，其托木体量较大，形式与阿里地区的早期托木不尽相同，立面基本平整，仅在托木的中部有忍冬草等浮雕，其他处为彩画。

　　经堂南端最后两排柱子处地面略微升高，供奉"科迦觉沃"——三尊银质佛像，形成"佛堂"的空间，墙壁上绘制的壁画年代较早。该区域又设置 U 形内墙，与经堂的南墙间形成宽约半米的转经道，从其现状来看，可能原先亦没有壁画，转经道东西两边设小门，可进入夹层或小室。从入口到第四排柱子之间形成"经堂"的空间，地面为阿嘎土，内嵌松石。

　　该殿的立面檐部较有特色，阿嘎土墙上以片石出檐，片石与高 1.3 米的边玛草之间用两层方椽连接，边玛草下又接石板、檐椽，椽下用一圈方梁、小托木及小短柱，像在檐口及墙体之间增加了一圈束腰（图 3-40）。目前在西藏用这种方式修饰外墙的，仅见于科迦寺，其设计来源是否受到内地影响尚需进一步比较、考证。

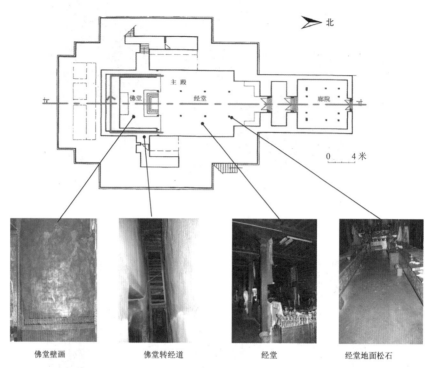

图 3-39　释迦殿平面图
图片来源:平面图根据《西藏阿里地区文物抢救保护工程报告》绘制

图 3-40　释迦殿外观
图片来源:笔者拍摄

　　根据《西藏阿里地区文物抢救保护工程报告》记载:"觉康底层平面有多段厚达 3.5 米的墙体,这些厚墙体在平面上又是对称的……同时敲打墙壁可判断墙是空心的,有的部位有明显后期封堵的迹象。因此我们可以较肯定地推断,觉康底层平面内有一周环大殿殿身的转经道……"①该种殿堂布局形式与百柱殿初期的布局形式相同,应属同时期的建筑。

　　① 王辉,彭措朗杰.西藏阿里地区文物抢救保护工程报告[M].北京:科学出版社,2002:161.

3.2.4　建筑特点

科迦寺的建寺时间较早,经历过战争掠夺、自然灾害的侵害,以及宗教派别的改变,佛殿亦被重修过,其建筑形式亦发生过变化。

1. 平面形制的演变

如前文所述,百柱殿与释迦殿为科迦寺最初兴建的佛殿,年代最为久远,从建筑现状来看,其平面形制、建筑规模及木构均经过替换或修复,这里主要讨论建筑平面形制及柱头托木的演变。

百柱殿的 M2 门框雕刻精美、造型复杂,推测其为较古老的门框,而大殿与位于大殿西墙正中的 F6 桥居拉康的托木形式较为相似,百柱殿最初的形制可能为包括桥居拉康、大殿的"凸"字形及门廊。随着寺庙规模的增加,佛殿增设了南、北两间耳室及西墙处的小佛殿,随后又在原建筑外墙外围增设外墙,形成了一圈转经道,并且加建了小佛殿(图 3-41)。

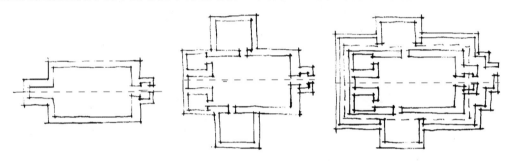

图 3-41　百柱殿平面演变
图片来源:笔者绘制

觉康殿的南、北、东的墙体亦为空心,情况可能与百柱殿相似,将原来的转经道封堵起来。最初大殿的平面形制为矩形大殿与门廊组成的"凸"字形,后期亦在原有外墙之外增设墙体与小佛殿,形成转经道。

2. 柱头托木样式

木材在西藏西部地区较为缺乏,木结构亦难保存,经过多次灾害的古老的科迦寺庙,其室内柱子及柱头托木大都被维修或替换过,因此,现存寺庙佛殿内的柱子及托木样式不一,整理如下(如表 3-5 所示,笔者根据照片自绘):

表 3-5　科迦寺柱头托木样式

时期	托木样式		位置
早期		单层托木,无雕刻及彩绘	百柱殿
		单层托木,雕刻忍冬纹	百柱殿

续　表

时期	托木样式		位置
早期		单层托木,中央雕刻"壶门"	百柱殿
	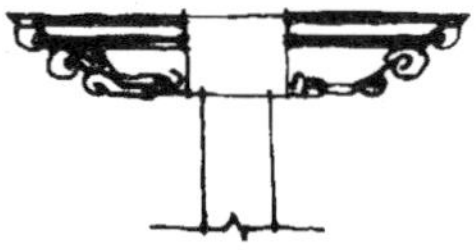	单层托木,底部卷涡形似如意	百柱殿
11 世纪后		单层托木,中央刻桃形神龛	百柱殿 觉康殿
	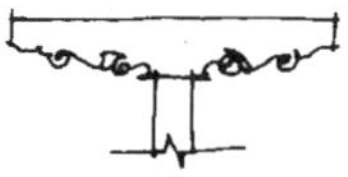	单层托木,无雕刻	百柱殿 觉康殿
		单层托木,由两部分拼成, 轮廓较复杂	百柱殿 觉康殿

科迦寺两座佛殿的基本情况整理如下(表 3-6):

表 3-6　科迦寺佛殿特点

佛殿名称	年代	重修年代	平面形制演变	朝向	背光	转经道
百柱殿	10 世纪	—	凸字形—亚字形	东	无	有
释迦殿	10 世纪	19 世纪	凸字形—亚字形	北	无	有

3.3　古格故城

3.3.1　历史沿革及其宗教地位

据相关史籍记载,古格王朝大约建立于公元 10 世纪中叶,公元 17 世纪灭亡。各类藏文文献记载的古格王国历史有些许出入,本书主要以较翔实的《西藏王统记》为依据。

拉喇嘛·益西沃出家后,将古格国王之位让于哥哥——柯日。柯日继位后,继续弘扬佛法,并在克什米尔修建寺院。他的儿子拉德波在位时,从印度迎请高僧素巴希及梅如至古格讲经,他的孙子绛曲沃亦出家修行,人称拉喇嘛·绛曲沃。拉喇嘛·绛曲沃遵照益西沃的遗愿,于公元 1042 年携黄金前往印度迎请阿底峡大师至古格传法,之后的几位古格王也十分推崇佛教，在古格管辖境内修建了多处寺庙。

　　直至 1624 年 8 月，天主教徒——安德拉德从印度教圣地翻越玛拉山口，来到古格王国都城札布让。此时的古格正是藏传佛教的格鲁派取代噶举派的时期，而当时的古格国王——犀扎西巴德与格鲁派有矛盾，安德拉德便趁机取得了王室的支持，在札布让建立据点，传播天主教。古格国王应允传教士们在札布让建立教堂，并亲自为教堂奠基，国王与臣民之间的矛盾彻底激化。

　　1630 年，拉达克派兵攻入并统治古格，古格的历史宣告完结。

　　古格王朝在西藏历史上具有极其重要的意义，其都城遗址是遗留下来的当时规模最大的一处建筑群。

3.3.2　建筑及其布局

　　该遗址是从公元 10—16 世纪不断扩建而成的建筑遗存，是一座包含宫殿、佛殿、佛塔、碉楼、洞穴等多种建筑形式在内的古建筑群，东西宽约 600 米，南北长约 1 200 米，占地总面积约 720 000 平方米。大部分建筑物集中在山体的东面，依山势而建，错落布局，星罗棋布（图 3-42）。

　　据《古格故城》记载："……调查登记房屋遗迹 445 间、窑洞 879 孔、碉堡 58 座、暗道 4 条、各类佛塔 28 座、洞葬 1 处；新发现武器库 1 座、石锅库 1 座、大小粮仓 11 座、供佛洞窟 4 座、壁葬 1 处，木棺土葬 1 处……"[1]规模庞大，十分壮观（图 3-43）。加之其建筑材料取自周围土林的自然材料，古老的断壁残垣与山体浑然一体，整体感非常强烈。

图 3-42　古格故城卫星图
图片来源：笔者根据 Google Earth 标注

图 3-43　古格故城遗址
图片来源：笔者拍摄

　　整组遗址按照选址的高低不同可大致分为上、中、下三层，依次为王宫、寺庙和民居，外围建有围墙及碉楼，等级分明、防御性强。王宫建在山顶，悬崖与防护墙使得王宫成为一个险要的堡垒，堡垒附近的山体内开挖了暗道，有的暗道通向山顶，有的暗道通向西面断崖下的河边，可供取水。山坡不同高度上建造的宗教建筑、佛塔及洞窟之间，通过曲折的道路相连通，层层设防，易守难攻（图 3-44～图 3-48）。当年的古格国王如果没有选择投降的话，拉

---

① 　西藏自治区文物管理委员会. 古格故城（上）[M]. 北京：文物出版社，1991：5.

达克的军队很难在一夜之间将其攻破,这场战争还有许多的未解之谜有待进一步的发掘。

笔者于 2010 年、2011 年、2017 年先后三次调研古格故城,其遗址的基本状况是:山顶的王宫建筑毁坏严重,有的仅存墙基;山坡上的几座宗教建筑在文物部门的保护、维修下,保存情况较好,有山顶的坛城殿及山脚至山腰之间的白殿、红殿、大威德殿、度母殿。将于下文逐一阐述。

图 3-44　从河谷佛塔群仰视古格遗址
图片来源:笔者拍摄

图 3-45　古格山顶遗址
图片来源:笔者拍摄

图 3-46　古格遗址山崖及河谷
图片来源:笔者拍摄

图 3-47　古格遗址上山的通道
图片来源:笔者拍摄

图 3-48　古格遗址上山的通道内部
图片来源:笔者拍摄

1. 白殿（拉康嘎波）

白殿是藏语"拉康嘎波"的意译，因其墙壁涂满白色而得名（图3-49）。白殿建在山脚处的平台上，坐北朝南，平面呈"凸"字形，面积约为370平方米（图3-50）。殿内规整地布置36根方形立柱，每根立柱高约5米、直径约20厘米，多为三至四截拼接而成。柱头雕成束腰状，自上而下雕刻着重莲瓣、连珠纹、忍冬草。柱头上设轮廓略呈梯形的单层托木，正反两面均有雕刻图案，两面正中均为一长方框，框内雕一尊坐佛，有背光及头光，框两侧下部雕饰忍冬纹图案，以红、蓝两种颜色施以彩绘。托木上承东西向梁，梁上架南北向椽，梁端部与墙交接处施忍冬纹浮雕样式的托木，椽端部与北面墙体交接处施伏狮状的托木，其色彩亦多为红蓝色调。

图3-49 白殿
图片来源：笔者拍摄

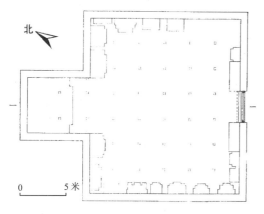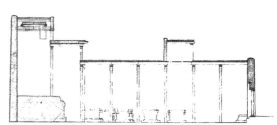

图3-50 白殿平面图、剖面图
图片来源：《古格故城》

殿顶共设三处天窗，一处位于殿堂中部偏南，两处呈错落式位于北部佛堂上方，最北部的即高度最高的天窗顶部做成藻井式（图3-51）。天花板上绘有花纹、龙兽、几何纹及佛像图案。

殿内四周的泥塑佛像已损毁，只余残存的佛像基座、小佛龛及背光。殿内尚存佛像基座10余个，有矩形、"凸"字形、多棱"凸"字形、圆形等等，其立面及侧边转角均饰有束腰忍冬纹、莲花等精美的图案（图3-52）。

图 3-51　天窗、藻井
图片来源：笔者拍摄

图 3-52　多棱凸字形佛像基座
图片来源：笔者拍摄

图 3-53　红殿
图片来源：笔者拍摄

2. 红殿（拉康玛波）

红殿是藏语"拉康玛波"的意译，因其墙壁涂满绛红色而得名（图 3-53）。该殿建在比白殿高出 20 米左右的台地上，平面近似方形，面阔约 22 米，进深约 19 米（图 3-54），坐西朝东。

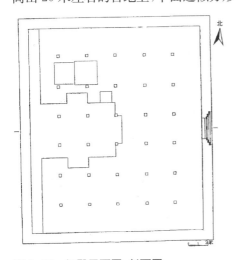

图 3-54　红殿平面图、剖面图
图片来源：《古格故城》

图 3-55　木雕大门

现存殿堂入口为木雕大门,门框、门板上雕刻着梵文、人物、动物、花草等图案(图3-55)。殿内有 30 根方形红色立柱,柱高近 5 米、直径约 22 厘米。

从现存实物来看,柱头及托木的样式、颜色与白殿的大致相同,所不同的是托木正中为梵文符号而非佛像。南北向的梁端部与墙交接处施忍冬纹浮雕样式的托木,上面还刻有梵文字样。西墙正中处为天窗。

殿内残存几尊泥塑佛像、佛像基座及背光,四周墙壁、望板上绘满了彩色图案,题材有花纹、几何图案及佛教故事。其中有的壁画反映了古格王城落成后的庆典仪式,还有的反映了迎接高僧、宾客的场景,能发现类似尼泊尔等地装扮的宾客,这些壁画为后人研究古格时期的历史提供了非常宝贵的资料。

3. 金科拉康(坛城殿)

金科拉康意为坛城殿(图3-56),位于遗址山顶部,由呈正方形的殿堂及不规则三角形的门厅组成(图3-57)。根据相关资料记载,该门厅为后来加建的,内有两根圆柱,柱子及托木均无彩绘。柱上承双层托木,每层托木中央雕刻一个方框,内饰叶瓣纹图案。

图 3-56　坛城殿
图片来源:笔者拍摄

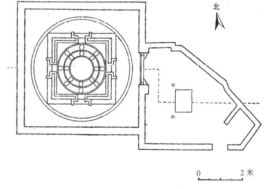

图 3-57　坛城殿平面图
图片来源:《古格故城》

殿堂面积约 25 平方米,规模较小,坐西朝东。该殿木雕门框保存较好,饰有佛像、菩萨、动物及忍冬草图案。殿内顶为藻井形式(图3-58),底层由四根较大的方梁对接成正方形与墙壁交接,交接处施以狮形替木。现梁下的六边形柱子是后加的,柱头雕成束腰状,柱上承单层托木。殿堂中间为立体坛城,现已毁坏(图3-59),周边散落一些泥塑及木构件。

望板及四周墙壁上绘有色彩鲜艳的壁画,主要是表达天堂、人间及地狱的情景,绘图上将各护法的大体量形象放于墙体正中位置,上下绘较小的佛像,排列整齐。

图 3-58 坛城殿梁柱及藻井
图片来源：笔者拍摄

图 3-59 毁坏的坛城
图片来源：笔者拍摄

4. 杰吉拉康（大威德殿）

杰吉拉康意为大威德殿（图 3-60），距拉康玛波约 15 米。该殿堂为单层平顶藏式建筑，坐西朝东，其平面由呈"凸"字形的殿堂及矩形的门厅组成（图 3-61）。

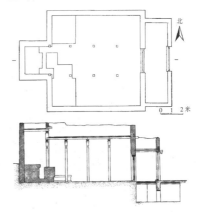

图 3-60 大威德殿
图片来源：笔者拍摄

图 3-61 大威德殿平面图、剖面图
图片来源：《古格故城》

从剖面图可见，该殿的位置与上述各殿不同，因选址于坡地上，故采用了西挖东填的方法找平，东面门厅下的位置有两小间，据《古格故城》记载，这两个小间有直接通向地面的门。

该门厅无柱，入口木雕大门保存较好，还可见其精美的雕刻图案，有迦陵频伽、忍冬草及力士（图 3-62）。

殿堂内有 8 根方形立柱，柱头呈束腰状，上承双层托木，每层托木正反面的中央雕一方框，内雕吉祥物，两侧为忍冬草，以红蓝色调为主（图 3-63），南北向的梁与墙体交接的部位施以忍冬草纹浮雕样式的替木。在西墙凸出的部位放置主供佛，屋顶上部设置天窗，笔者调研的时候发现殿堂中部亦有高起的天窗。门厅及殿堂墙壁、望板上均绘制精美的壁画。

5. 卓玛拉康（度母殿）

卓玛拉康意为度母殿（图 3-64），距拉康玛波约 20 米。该殿坐南朝北，呈正方形平面，开间及进深均接近 6 米（图 3-65），规模较小。

殿内规整地排列着 4 根方柱，柱头呈斗状，四周雕刻忍冬纹。柱头上承单层托木，两面正中均雕有一方框，框内为梵文图案，方框周围雕刻忍冬草（图 3-66）。据文物局的工作人员介绍,该殿四周墙壁的壁画因长期受到烟熏已难以辨别,后经专业人士的擦拭,才得以恢复原貌,壁画中出现了大译师仁钦桑布、阿底峡及宗喀巴大师的画像,可见,该殿的建成时间在公元 15 世纪以后。

图 3-62 大威德殿门
图片来源:笔者拍摄

图 3-63 天窗及托木
图片来源:笔者拍摄

图 3-64 度母殿
图片来源:笔者拍摄

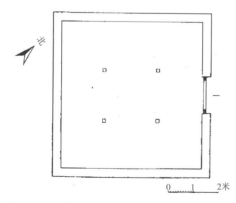

图 3-65 度母殿平面图
图片来源:《古格故城》

图 3-66 托木
图片来源:笔者拍摄

3.3.3　修行洞窟

在古格故城的土山上,寺庙等建筑群依山而建,顺势而上,建筑群中还穿插着许多在山崖上开凿的洞窟,据文物普查人员统计,这座山上的洞窟有近千孔(图 3-67)。这些与建筑紧密结合的洞窟有的是用于居住,有的是用于修行。洞窟的入口并不明显,但是,进到内部会发现有些洞窟通过暗道与周边的洞窟连接在一起。

图 3-67　古格故城洞窟
图片来源:笔者拍摄

笔者调研古格的时候,选择了一些形式较有变化的洞窟进行测绘。在当地文物工作人员的引导下,看到了一处用于修行的洞窟套洞窟的实例,其规模较大、平面形制复杂,并列的洞窟入口同样不明显(图 3-68)。

图 3-68　洞窟的两个入口
图片来源:笔者拍摄

　　该洞位于古格遗址山体的半山腰处,形式比较复杂,是大大小小多个相连的窑洞套叠在一起而形成的(图 3-69)。根据当地导游对洞内不同构成部分的解说,笔者将该洞分成两个部分,一个是"高僧"修行洞,入口朝东,另一个是"徒弟"修行洞,入口朝南,这两部分窑洞通过一条狭长弯曲的通道相连(图 3-70)。"高僧"修行洞又由大小不等的"A、B、C"三个洞组成。"A"洞呈长方形,开间 3.7 米,进深 5.3 米,高 2 米左右,在"A"和"B"洞的连接处有一个修行座,笔者推测"A"洞便是高僧修行念经的窑洞;"B"洞内有一条通向"徒弟"修行洞的通道,还有一个如今被封闭起来的小洞,洞口呈人体站立的形状,据导游介绍这个被封闭起来的部分应该是有壁画的,为了保护壁画不被损坏,所以才将洞口封闭,而洞口的形状表明僧人站在洞口处向洞内的壁画进行朝拜;"C"洞呈方形,开间和进深约 2.5 米,是高僧的生活洞,洞内的墙壁上有三个"壁栓"。

图 3-69　洞窟内部
图片来源:笔者拍摄

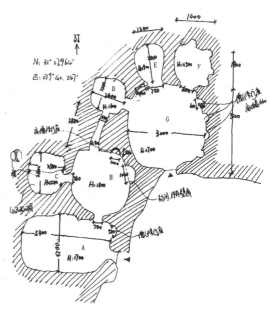

图 3-70　古格修行洞窟平面图
图片来源:笔者绘制

　　"徒弟"修行洞由四个洞组成,"D、E、F"洞较小,笔者推测是僧人生活和储存粮食等物品的洞穴,"G"洞面积较大,开间和进深约 3 米,洞内东边墙壁上有三个并排的修行座,与"高僧"修行洞内的修行座相比,要窄小一些。从洞内内饰等方面的不同,可以分辨出两部分窑洞等级的差别。

3.4　玛那寺

　　如前文所述,古格王朝的多位国王均积极弘扬佛教,在其管辖范围内大量兴建佛教寺庙。而这个时期的佛教为了吸引信徒,多选择在民众聚集的地点建立寺庙,因此在古格都城札布让的周边便形成了许多佛教中心,例如札布让北面的香孜、香巴、东嘎、皮央,西面的多香,南面的达巴、玛那、曲龙等均是具有一定规模的,集佛教寺庙、封建领主城堡及村落为一体的聚集区域。

　　笔者推测阿旺扎巴著作中提到的阿里三围最早的八座寺庙的修建时间应该均在公元996 年左右,随着古格王国的强盛,以及佛教在西藏西部地区的壮大,这些早期的寺庙得到了大规模的改、扩建,有的是在寺庙原有基础上进行的,有的是在寺庙附近重新建造。这亦是寺庙周边的宗教建筑遗址比现存寺庙建筑年代久远的原因,前文所述的托林寺、科迦寺可能是在其原有建筑基础上进行了一定程度的改、扩建,下文即将阐述的玛那寺、皮央新寺及东嘎寺庙可能是在早期寺庙的附近重新择址建造的。然而,后建的寺庙是早期寺庙的传承,因此大部分藏文文献记载的寺庙历史更多的是对早期寺庙的描述,这亦解释了为何不同的文献对这些寺庙的建寺历史描述有出入。

　　玛那寺亦是象泉河南岸的一座古老寺庙。

3.4.1　地理位置

　　距离古格故城东南约 17 千米处的河谷中分布着玛那遗址、玛那寺及村落,象泉河支流玛那河从东西向的河谷中流过,南北向为陡峭的断崖,宽约 2.5 千米。玛那寺建于河谷北岸平坦的地面上,海拔约 4 100 米,与村庄连为一体。玛那遗址位于河谷南岸土林顶部,距离村庄约 1.2 千米,距玛那河垂直高度 200 余米,海拔约 4 268 米。

3.4.2　历史沿革

　　由前文叙述可知,该寺庙是阿旺扎巴所述的西藏西部早期八座佛寺之一,与托林寺、科迦寺的建造年代一致,为公元 10 世纪。但有文献记载,玛那寺由拉喇嘛·绛曲沃在公元 11 世纪左右修建,在“文化大革命”时期遭受破坏,后村民在维修玛那寺时从该遗址取木材造成二次人为破坏。笔者推断,该寺旧址与托林寺、皮央寺旧址的情况相同,建造于公元 10 世纪,后因历史、环境等种种原因,在旧址附近重建寺庙。

3.4.3　建筑及其布局

　　玛那寺位于玛那村中,与民居结合紧密(图 3-71),现存较完整的建筑是强巴佛殿与药师佛殿,佛殿周边遗存大小几十座佛塔及佛殿或僧房类建筑的遗址(图 3-72)。

图 3-71　玛那村中的玛那寺
图片来源:笔者拍摄

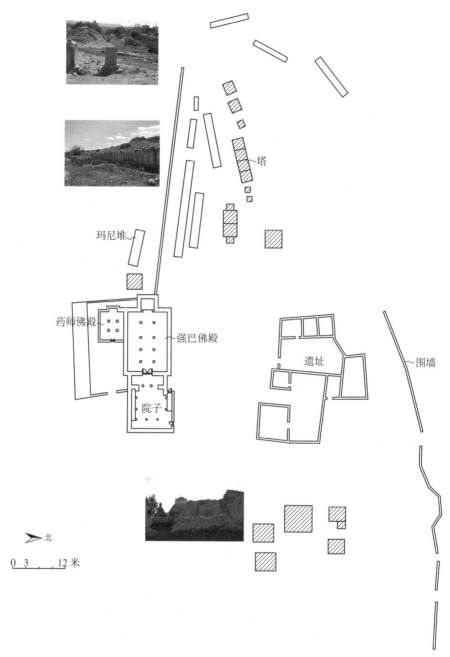

图 3-72　玛那寺及寺庙遗存示意图
图片来源:笔者绘制

1. 寺庙建筑

该寺庙现存两座佛殿为强巴佛殿及药师佛殿。强巴佛殿坐西朝东(图 3-73),殿前有门厅,立两根圆柱。门楣及门框均刻有人物、动物等图案,门框下端刻一对立狮,面朝殿门,其雕刻方法及形制与古格故城中的红殿(拉康玛波)门框下所雕刻的立狮很相近(图 3-74)。

殿堂平面呈"凸"字形,面阔两柱约 9 米,进深四柱约 13 米,西壁中间为向外凸出的佛龛,佛龛墙角处设有两根立柱。殿堂内 10 根立柱均为方柱,柱上坐斗,斗上承单层托木,木板上施神祇、祥兽、花卉等图案(图 3-75)。殿堂中央即第二排柱与第三排柱之间为一正方形天窗。殿堂内现存一幅早期壁画大威德像,其余为后期所绘,可见不同时期风格与色彩的不同,区别较为明显。佛殿墙基为石块砌筑,墙体为土坯砖砌筑,厚约 1 米。

图 3-73 强巴佛殿
图片来源:笔者拍摄

图 3-74 立狮
图片来源:笔者拍摄

强巴佛殿南侧为药师佛殿,与强巴佛殿相连,坐西朝东,平面近似方形,边长约 6 米,面阔两柱,进深两柱,殿内墙壁绘有药师佛。

在保存较好的两座佛殿周边还分布着其他建筑墙体遗存(图 3-76),已无法辨识其原始功能,据当地村民所述,原玛那寺的规模较大,存留的建筑亦属于寺庙,有的是佛殿,有的是僧舍等附属建筑。这些建筑周边还分布着大约 30 多座佛塔,有的只剩塔基部分,佛塔外围保留有断断续续的围墙,可能是寺庙原始的院墙。

图 3-75 强巴佛殿柱头托木及天花彩绘
图片来源:笔者拍摄

图 3-76 寺庙建筑及佛塔遗存
图片来源:笔者拍摄

2. 佛塔

玛那寺的大小佛塔分布在佛殿的周边,大约有 30 多座。从佛塔的现状来看,保存情况不好,大部分塔身已塌毁,有的只余塔基,露出内部擦擦等。塔基均为方形平面,侧面转角处刻忍冬草(图 3-77)。从已毁的塔身来推测,玛那寺的佛塔中可能有天降塔、菩提塔等类型。

图 3-77　佛塔
图片来源：笔者拍摄

3. 寺庙与村庄的布局

　　如果说玛那寺位于玛那村中，还不如说如今的玛那村庄散布在寺庙的佛殿与佛塔之间，是一种寺中有民居的布局。

　　由于玛那河谷两岸开凿有数量众多的洞窟，而洞窟就分布在寺庙附近（图 3-78），笔者推测，公元 10 世纪末，在象泉河的支流玛那河谷处建立了寺庙、城堡及洞窟组成的聚集点，即前文所述的玛那遗址，后随着自然环境的改变及人口的增加，玛那遗址所处的土山已无法容纳该聚集点的人们。于是，在河谷的河岸边重建玛那寺，佛堂、佛塔、僧舍的数量增加了，寺庙的规模增大了。当时阿里的人们由于建筑材料的缺乏、生活习惯等原因，居住在寺庙周边河谷两岸的洞窟之中。逐渐地，演变成今天的玛那村及玛那寺相互融合在一起的布局形式。

图 3-78　玛那寺周边洞窟
图片来源：笔者拍摄

3.5　皮央·东嘎

　　皮央·东嘎是一处集佛教石窟、佛寺、佛塔、墓葬、岩画、村落为一体的大型遗址（图 3-

79、图 3-80），大约在 1992 年被考古学家发现并进行发掘。其中的遗迹大都分布在相距很近的皮央、东嘎两村，因而考古学家们将其命名为"皮央·东嘎遗址"。

图 3-79　札达县皮央洞窟建筑群
图片来源：笔者拍摄

图 3-80　皮央洞窟与寺庙遗址
图片来源：笔者拍摄

据《皮央·东嘎遗址考古报告》记载，皮央·东嘎遗址的总面积约 2.8 平方千米，规模宏大。

3.5.1　地理位置

皮央·东嘎遗址分布在一条狭长的沟谷中，皮央村位于沟谷的西面，地势较低，主要由佛寺与窑洞共同组成；东嘎村位于沟谷的东面，地势较高，主要由佛寺、石窟、佛塔组成。

笔者将在下文中对该遗址内的宗教建筑分类，分别从佛寺、石窟等几个方面来叙述。

3.5.2　历史沿革及其宗教地位

《古格普兰王国史》中提及，在古格王朝的益西沃时期，阿里三围建有最早的八座佛寺，其中便包括该遗址内的皮央寺，笔者推测该寺便是前文所述的格林塘寺——皮央旧寺。《古格普兰王国史》中的描述表明：皮央旧寺与象泉河南岸的托林寺、普兰县的科迦寺一样，是藏传佛教"后弘期"阿里地区所建的早期寺院之一，并且反映了皮央、东嘎一带在古格王朝时期，甚至更早的时候，已经成为象泉河北岸一个较为重要的佛教中心。

许多学者的研究表明，公元 11—12 世纪中叶的古格，由于王位继承的矛盾发生了较为严重的分裂争端，而皮央、东嘎便很可能成为与古格都城札布让分庭抗争、势均力敌的另外一处政治宗教中心，前文所述的玛那地区亦曾经是古格王朝分裂时期的一处政治中心。这些研究都表明，札布让、玛那、皮央·东嘎均是古格王朝时期规模宏大、人口众多且政治、宗教地位较为重要的聚集地,应该也是当时经济、文化较为发达的、相距较近的地区。

据文献记载,阿旺扎巴曾经在皮央、东嘎驻锡,并以东嘎寺住持的身份在这里举行过大规模的宗教仪式。可见直到公元15世纪时,这里仍然是古格王国时期的重要宗教圣地。直至公元17世纪的古格王朝晚期,西方宗教的传入加剧了王室内部与格鲁派宗教集团之间的矛盾,最终引起暴动,拉达克派兵入侵,古格城池被攻破,国王被俘。随着古格王国的灭亡,皮央·东嘎也相继沦落。

1682年,五世达赖派兵驱逐拉达克军队,皮央·东嘎纳入札布让宗。

3.5.3 建筑及其布局

皮央·东嘎遗址是集佛寺、佛塔、洞窟、城堡等为一体的大型遗址,地面佛寺建筑遗迹与石窟遗迹联系十分密切。

1. 皮央新寺

皮央遗址坐落在沟谷西面河岸台地的山丘上,东南坡地上为现皮央村。该山丘为东西走向,山顶便是皮央新寺与城堡,山腰及山脚处开凿窑洞近千座,排列十分紧密,现大部分窑洞内部或道路坍塌,无法进入。山顶有多处佛寺建筑遗迹,杜康大殿是寺庙的主体建筑(如图3-81所示左侧红色建筑),也是现存最好的一座佛殿。根据阿里地区文物普查人员介绍,杜康大殿(集会殿)坐西朝东,大殿南北宽约16米,东西长约11米。四面墙体保存较完整,顶部已经塌陷,木构皆已不存,墙基为石砌,墙体为土坯砖砌筑,殿内壁画已模糊不清,依稀可以看到佛像背光。西墙正中设有佛像基座,正面绘有一对狮子。佛殿不远处还分布着一座方形基座的佛塔及由12座小塔组成的塔群。塔身已塌毁,无法分辨其类型。

图3-81 皮央山顶寺庙遗迹
图片来源:笔者拍摄

图3-82 扎西曲林寺遗址
图片来源:笔者拍摄

2. 东嘎扎西曲林寺

东嘎,藏语有"白色海螺"之意,因其地形酷似海螺而得名。该遗址范围内,分布有石窟、佛寺、佛塔等多类遗迹(图3-82)。

扎西曲林寺位于东嘎山顶,相传该寺是阿底峡的弟子甲央西德所建,但寺庙的壁画中已出现宗喀巴像,说明其建造年代可能在公元15世纪之后,也可能在公元15世纪左右受到了格鲁派的影响,继而在建筑中表现出格鲁派的元素,其废弃年代可能与古格王国遗址相当。

　　从山脚到山顶分布许多洞窟,有些洞窟内绘有壁画,现在只能看到残留的颜色,无法辨识。与皮央遗址相比,该遗址的洞窟布局稍显松散,但洞窟之间的道路没有坍塌,可以一直攀爬至山顶。上山的路线很多,在当地村民的指引下,我们找到了一条较为便捷的通道,是以前建造的一处密道。密道较封闭、曲折,内部设置由石块铺成的台阶(图 3-83)。通过密道后,进入寺庙的范围,距离寺庙主体建筑已经很近。笔者推测,该山体较平缓,密道的设置可能也是出于加强寺庙防御的考虑。

　　该寺遗址现状主要由四座佛殿及佛塔、僧舍等附属建筑组成,各殿堂依山势走向呈南北布局,每间殿堂均坐北朝南,外墙涂红色,山顶距离山脚相对高度约150 米。

　　山顶部从北到南分布着四座佛殿,下文分别用 F1、F2、F3、F4 表示。F1 与 F2 紧挨着,F1 为方形平面,进深6 米多,开间接近 6 米,殿门位于南墙正中,北墙正中为

图 3-83　密道内部
图片来源:笔者拍摄

略呈"凸"字形的佛台,四周墙壁有一圈宽约半米的高起的台基,应该是供佛像的基座(图 3-84)。

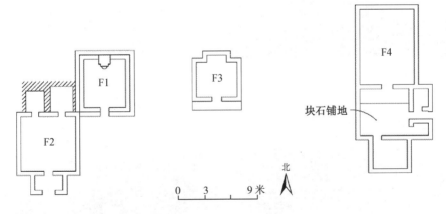

图 3-84　扎西曲林寺遗址测绘图
图片来源:笔者绘制

　　F2 大殿为方形平面,开间与进深均 6 米多,北墙处连接两个洞窟(图 3-85)。大殿内的壁画损毁较严重,从总体构图上来看,壁画中间位置绘制大体量的佛像、度母像、护法神像等,端坐于莲花座上,有背光,佛像袈裟袒右胸,两侧伴随菩萨,壁画的上、下部平均绘制了数尊小佛像,每尊佛像有独立的莲花座及背光,可能受到自然环境的影响,整组壁画的颜色偏红黄色,较为淡雅。

　　洞窟内的壁画保存情况较好,可以辨别。F2 大殿的壁画底色为较明亮的蓝色,主题多为坐于须弥佛座上的护法神像,有的护法神两侧伴有胁侍菩萨,上、下部未发现小佛像。与大殿相连的两个洞窟内残存有度母像的壁画,有的菩萨形象赤裸上身,裙带飘逸,且佩戴

较大的耳环、项链、三叶形头饰等饰物(图 3-86)。

图 3-85　大殿连接的两个洞窟
图片来源:笔者拍摄

图 3-86　F2 洞窟内壁画
图片来源:笔者拍摄

图 3-87　F3 北墙
图片来源:笔者拍摄

F3 距离 F1、F2 佛殿大约 50 米,平面略呈"凸"字形,规模较小,开间与进深均 5 米多,北墙正中向外凸出(图 3-87),应为摆放佛像的位置。殿内残存"凸"字形佛像基座、坐式佛像莲花座,佛像基座转角处雕刻忍冬草。该殿壁画保存较差,依稀可以看到残留的色彩,但形象已无法辨识。

F4 佛殿位于山顶最南端,体量略大,平面为长方形,开间约 6 米,进深约 9 米,殿内壁画保存较差,无法辨识,佛像及佛像基座损毁严重,在现场未能找到较完整的残留。

殿门处用长方形石块砌出台阶与踏步,并与其他附属建筑相接,围合成一个院子,院内有块石铺地(图 3-88)。

图 3-88　F4 大殿外墙
图片来源:笔者拍摄

3.5.4　洞窟

由于历史、环境等原因,该地区存在着数量众多的、珍贵的洞窟,有的是居住类的洞窟,有的是宗教类的洞窟。宗教类的洞窟内含有壁画、佛塔、佛像、擦擦等宗教物品,可以说是皮央·东嘎遗址中,甚至是阿里地区的宗教建筑中重要的佛教文化遗存,因此,下文主要讨论该遗址内的宗教类洞窟。

1. 洞窟的类型与形制

根据洞窟形制、洞内设施等,又可将该遗址的宗教类洞窟分为以下几种:

1）礼佛窟

这类洞窟往往供奉佛像或设置佛塔,洞内壁上绘有壁画,是进行宗教活动的场所。这类洞窟在该遗址中最具特色,东嘎遗址中便有三座著名的礼佛洞窟(图 3-89、图 3-90),笔者于2011 年再次来到这三座洞窟调研的时候,有幸得以对其内部拍照,获得珍贵的一手资料。

图 3-89　东嘎礼佛窟远景
图片来源:笔者拍摄

图 3-90　东嘎礼佛窟近景
图片来源:笔者拍摄

这三座洞窟位于东嘎村西北 400 米处的山崖上,山崖东西走向、略呈 U 形,与村庄高差约百米,洞窟依崖壁开凿而成,均坐北朝南。

（1）东嘎一号洞

根据先前考古工作者的定位,该洞位于三个洞窟中间,为单室洞,平面呈方形,开间与进深均为 6 米多,高约 5 米多(图 3-91)。顶部藻井多层套叠,底边为方形,内套连接各边中点形成的小方形,层层套叠,形成多层次的藻井(图 3-92)。窟内未设佛龛。其内部壁画精美,以曼荼罗题材为主(图 3-93)。

其中北壁左侧的曼荼罗样式"……很可能为后期密教无上瑜伽部曼荼罗……此种类的曼荼罗在西藏西部地区尚属首次发现,很有可能是一种形制较为古朴的曼荼罗图像"[1]。可见,该洞窟壁画具有很高的研究价值。

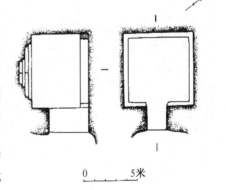

图 3-91　一号洞平面图、剖面图
图片来源:《皮央·东嘎遗址考古报告》

0　　　5米

北

---

① 教育部人文社会科学重点研究基地四川大学中国藏学研究所,四川大学历史文化学院考古学系,西藏自治区文物事业管理局. 皮央·东嘎遗址考古报告[M]. 成都:四川人民出版社,2008:39.

图 3-92　一号洞藻井
图片来源：笔者拍摄

图 3-93　一号洞北壁坛城壁画

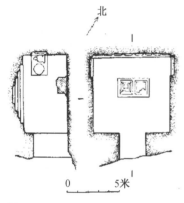

图 3-94　二号洞平面图、剖面图
图片来源：《皮央·东嘎遗址考古报告》

态，栩栩如生。

（2）东嘎二号洞

该洞窟位于一号洞东侧，亦为单室方形洞窟，开间与进深均为 7 米多，高约 5 米多（图 3-94）。顶部为底边方形与多重同心圆套叠的藻井，中心部位为向上隆起的圆形窟顶，每层藻井与其四周的彩绘配合在一起，呈现出一种立体的曼荼罗样式（图 3-95），构思巧妙，十分美观。

洞内的东、西、北三面设有连接在一起的矩形佛龛，从龛内仅存的残留佛像及部分背光来看，北龛内原有塑像八尊，东、西佛龛内原有塑像两尊（图 3-96），现只余碎片。洞窟内还有残存的两座方形塔基，表明原来在窟内还建有佛塔供养。洞内的壁画以小佛像的形式表现，每尊小佛像均坐于独立的莲花座之上，有圆形的头光及背光，样式千姿百

图 3-95　二号洞藻井
图片来源：笔者拍摄

图 3-96　二号洞佛龛及壁画

（3）东嘎三号洞

该洞窟位于一号洞窟西侧，体量较小，进深 4 米、面阔约 3 米，平面近似方形，顶部略呈半球形穹顶（图 3-97），绘有曼荼罗图案，窟内壁画受损严重，题材以女尊像为主（图 3-98）。

图 3-97　三号洞顶部
图片来源：笔者拍摄

图 3-98　三号洞壁画

2）灵塔窟

保存佛教高僧、活佛遗体的佛塔为"灵塔"，设置有灵塔的石窟便是灵塔窟。灵塔及灵塔窟既是一种佛教建筑，亦是一种丧葬场所。这种特殊的丧葬形式，在现今西藏寺院中仍然流行。皮央·东嘎作为古格王国一个重要的佛教中心，亦受到传统习俗的影响，在石窟群中设置了灵塔窟。

据《皮央·东嘎遗址考古报告》记载，皮央遗址中有两处灵塔窟，可能是由僧侣居住或修行的洞窟改建的，现已封砌，笔者在调研的过程中未能进入。

3）修行窟

该类洞窟主要供僧侣修行与起居，洞窟内设有僧侣修行禅座、摆放经书或擦擦的壁龛等。僧侣修行的洞窟与居住的洞窟联系十分密切，许多修行的洞窟与居住的洞窟是相连的，难以明确区分。大多数情况下，修行洞窟既可用作宗教修行，也可用作生活起居。

与民居类洞窟相比，修行洞窟内壁也附着一层黑色物质，由藏族僧人在念经诵佛时所点的酥油灯熏制。"酥油灯"由油脂精制而成，火光稳定、持久，燃烧时散发清淡的天然奶油香味，因此该物质并无黏性。

这类洞窟在古格、皮央·东嘎遗址中所见较多，如前文所述笔者测绘的一处古格故城的修行洞。该类洞窟的构造根据其规模大小有单室和多室，平面有方形、长方形、圆形等几何形状，顶部多为平顶。

2. 洞窟的组合形式

上文所述东嘎著名的三座礼佛窟位于山崖断面上，处于皮央·东嘎遗址群的中间位置，离寺庙、其他洞窟、民居的距离较远，相对来讲，距离东嘎的扎西曲林寺较近。

除礼佛窟、灵塔窟、修行窟等宗教类的洞窟外，在该遗址群中还有一部分洞窟只供奉了擦擦等少量的宗教用品（图 3-99），可能是由民居类洞窟改建，或是民居内部的供奉。除宗教类的洞窟之外，遗址内还包括数量众多的民居或仓库洞窟，在不同洞窟之间的组合关系大体有一个总的规律，即洞窟的选址高度比寺庙低，宗教类的洞窟紧挨寺庙，洞窟群中以宗教类洞窟为中心，围绕民居或仓库类洞窟（图 3-100），在宗教洞窟中又以礼佛窟为中心，周围修建修行窟等，各类洞窟之间没有明显的区分。

图 3-99　供奉擦擦的洞窟
图片来源:笔者拍摄

图 3-100　皮央遗址住宅洞窟
图片来源:笔者拍摄

　　皮央与东嘎遗址群内还包含大量的佛塔,但是保存状态不好,很多塔只余塔基,无法分辨其种类。在东嘎遗址的山脚处分散布置着大大小小的佛塔几十座,受自然损害严重,有的塔坍塌成土堆,东嘎山体的对面较远处,有一排塔墙(图 3-101)。现皮央、东嘎村的居民在山脚下建造了房屋。

图 3-101　塔墙
图片来源:笔者拍摄

第4章
其他宗教建筑

藏传佛教后弘期时,西藏西部地区大规模弘扬佛教、兴建佛教建筑,除前文中提及的该地区最早的佛寺之外,还有许多史籍资料记载较少的、规模较小的、建造时间稍晚的,甚至有些尚未发掘的佛教建筑,同样为佛教在该地区的发展作出了贡献,其建筑同样具有很高的研究价值。本章节主要阐述笔者在该地区调研时的其他发现,由于其中有些寺庙的建寺时间并不明确,笔者在本章节主要以寺庙的分布区域为依据进行阐述。

4.1 热布加林寺

热布加林寺位于札达县北面香孜乡热布加林河西岸的山上,海拔约 4 200 米,为半农半牧区。据文物部门的工作人员介绍,该寺始建于公元 11 世纪,由萨迦派支系俄尔的创始人俄尔钦·贡嘎桑布创建,因此属于萨迦派支系俄尔,但也有资料显示该寺为宁玛派,笔者较赞同前者的说法,原因如下:萨迦、噶举两派在阿里的势力范围较广,其寺庙数量应较多;宁玛派的主要势力范围在拉萨河以南,与该地区相距较远。

4.1.1 建筑及其布局

现存寺庙建筑主要分为两个部分(图 4-1),分别位于山顶与山脚(图 4-2),经两个地点的海拔测量得知,山顶距地面近 50 米。山顶处为遗址,山脚处为 20 世纪 80 年代在原址上重建的寺庙和佛塔(图 4-3)。据文物部门的工作人员介绍,山顶上的建筑名为朗扎拉康,现仅存墙体,坐北朝南。根据笔者实地测量,朗扎拉康由正殿、两个侧殿、门廊、门厅等部分组成,墙体均为土坯砖砌筑,表面未发现壁画痕迹,但根据当地人的叙述,该拉康原绘有壁画。正殿开间 7.5 米,面阔 4.5 米,面积约 33 平方米,北墙正中有佛座的遗迹,但已不能辨识其形式,殿内还散落着少量的佛经残片。佛殿周边有围墙及碉堡的遗迹(图 4-4),其布局形式与托林寺旧址相似,推测其建造年代不会太晚,应该与资料显示的公元 11 世纪相符。

山脚处的佛殿为"文革"后重建的(图 4-5),由正殿、门廊组成,正殿面阔两柱三间,进深三柱四间,面积约 84 平方米。佛殿北面为两座新建的佛塔,但在其塔座底部发现了较为古老的塔座雕刻图案,与托林寺遗址处发现的塔座雕刻图案相似,该图案既表明了该寺的建立时期,又证明了确实是在原址上重建的。

图 4-1　热布加林寺新、旧佛殿
图片来源：笔者拍摄

图 4-2　新、旧佛殿位置
图片来源：Google Earth

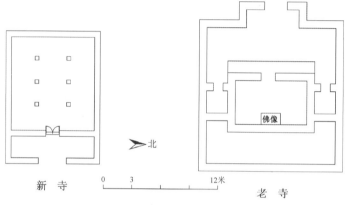

新　寺　　　　　　　　　　　老　寺

图 4 3　热布加林寺新、老建筑测绘平面图
图片来源：笔者绘制

图 4-4　碉堡遗址
图片来源：笔者拍摄

图 4-5　新佛殿
图片来源：笔者拍摄

根据整个寺庙新、旧建筑的布局,笔者推测,公元 11 世纪左右,在山顶上首先建立了朗扎拉康以及山脚处的三座佛塔,后来在其周边进行扩建,出现了山体上、山脚处的其他几座大大小小的佛殿,"文革"期间,整个寺庙受到了较为严重的破坏,后在山脚处重建了部分佛殿建筑。

4.2　达巴扎什伦布寺

4.2.1　地理位置及历史沿革

据说,"达巴"原是个有 4 000 左右人口的小王国,被当时的古格王国管辖。"达巴"的藏语意为"箭头落地处",这与其选址的传说故事有关。据说,在选择王国的修建地点时,达巴王向空中射出一箭,箭头落地之处生出莲花,是吉祥之照,故决定在此处修筑王城。

考古人员从该遗址处采集到大批铠甲、铁片等物品,形制与古格故城的遗物相同,故判断其与古格的年代相当,亦兴起于公元 10 世纪左右,灭亡于公元 17 世纪左右。

该遗址位于札达县达巴乡西北部的山脊上,南距古格故城遗址约 90 千米,山体的西北面为由东向西的达巴河,遗址海拔约 4 100 米。

4.2.2　建筑及其布局

遗址内主要建筑遗迹分布在南北走向的两座山脊之上,笔者用 A、B 来区分,其间有山谷相隔(图 4-6、图 4-7)。笔者利用有限的测量仪器,粗略地测出两座山脊相隔约两百余米,山脊相对高度约 70 米。遗址的分布范围较广,类型较多,主要包括城堡、寺庙、民居、碉堡、窑洞及防卫墙等,大部分房屋建筑遗迹分布在 A 山脊上,与之相对的 B 山脊上大多为民居类的窑洞。

图 4-6　达巴遗址 B 山脊及山谷
图片来源:笔者拍摄

图 4-7　达巴遗址 A 山脊
图片来源:笔者拍摄

1. A 山脊

A 山脊顶部的遗迹主要包括城堡、佛殿、民居、碉楼、窑洞以及沿山体东西两侧修筑的防卫墙等(图 4-7),较低的山脊部亦依山修建有房屋,按分布情况大致分为四个组群。

防卫墙沿山势走向砌筑(图 4-8),总长度约 300 米,由土坯砖砌建,高约 2 米,每隔 4 米左右在墙上开设有一个射孔,形状略呈梯形,大小约 0.3 米×0.2 米。

A 山脊的东部,是一组寺庙建筑的遗址,目前为止并未发现有关该寺庙的历史沿革,但从其现场残存的门窗木构件可推断,该寺庙的始建年代应该比遗址中的其他建筑略晚(图 4-9),

因此,笔者推测该遗址很可能是达巴扎什伦布寺的旧址。据说,达巴扎什伦布寺在公元13世纪末由辛迪瓦大师创建,"文革"期间受到破坏,现属格鲁派,寺中堪布由拉萨色拉寺直接委派,三年轮换一次。

图4-8 达巴遗址防卫墙
图片来源:笔者拍摄

图4-9 达巴寺庙遗址
资料来源:笔者拍摄

该寺庙遗址约有大小十余间殿堂,平面形状有"凸"字形、"十字折角行"以及方形、长方形等,其中最大的一处殿堂坐西朝东(图4-10),墙体保存较好。由矩形门厅及"凸"字形正殿组成,经笔者现场测量,门厅与正殿开间均为12.7米,门厅进深5.4米,正殿进深11.2米,正殿西壁正中凸出一个佛龛,现较难确认墙壁上是否曾有壁画及佛像背光等装饰细部,墙体用土坯砌筑,基脚采用石砌。

在这组寺庙建筑遗迹中的一处小房间内发现了数量众多的、散落的木板,上面绘有较为古老的几何图案样式,笔者推测这些木板可能最初被用作佛殿的望板,图案样式对于辨别其年代具有很大的参考价值。这些带有图案的木板与笔者在古格大威德殿所拍的望板样式极为相似,这也印证了上文的说法,该遗址的年代与古格故城年代一致(图4-11、图4-12)。

2. B山脊

B山脊最高处有一座碉楼,由于山体滑坡较严重,笔者并未能到达B山脊的顶端,根据文物局工作人员叙述,该碉楼平面呈方形,基脚采用石砌,墙体采用土坯筑。B山脊的南面山腰及山脚下窑洞群为民居窑洞,数量较多,分布比较密集,据笔者粗略估计,有200余孔。

图4-10 达巴寺庙佛殿遗址
资料来源:笔者拍摄

图4-11 古格大威德殿望板
图片来源:笔者拍摄

图 4-12　达巴遗址木板
图片来源：笔者拍摄

3. 达巴新寺

据札达县文物局介绍，达巴扎什伦布寺"文革"期间受到破坏，后迁移至山脚下的达巴村旁，1992 年建成新寺。

如今，该寺庙为两层藏式平顶屋建筑。佛殿平面呈长方形，殿门向南，进深一柱两间，面阔两柱三间，面积约 28 平方米（图 4-13）。

图 4-13　达巴新寺
图片来源：笔者拍摄

图 4-14　札布让寺周边位置图
图片来源：根据 Google Earth 自绘

4.3　札布让寺——托林寺属寺

札布让寺同古格故城遗址一样，分布在象泉河南岸，分别位于象泉河支流的东、西坡地上，隔河相望。如图 4-14 所示，图中示意了古格故城、碉堡、札布让寺、现今古格村落的大致位置关系。

据采访当地文物工作人员得知，该寺为托林寺属寺之一，但笔者并未在史籍资料中查阅到有关该寺庙名称、历史沿革等确切的文字资料。在宿白先生《藏传佛教寺院考古》的书中亦提到了该寺庙遗迹，称其为"札布让寺"，笔者将该寺庙称为托林寺属寺——札布让寺。

该遗址总平面接近长方形，由一圈房屋建筑遗迹与中间的佛堂、佛塔组成。位于中心位置的佛堂平面呈"凸"字形，由门廊、正殿、后殿组成，坐西朝东。经笔者现场测量，正殿呈长方形，开间约 8.4 米，进深约 12.2 米（图 4-15），入口在东墙正中。后殿入口开在正殿西墙正中位置,开间约4.8米,进深约4.7米,西墙正中有佛像背光、头光遗迹,地面上残存佛像基座。正殿及后殿墙体均为土坯砖砌筑,墙身涂红色(图4-16)。

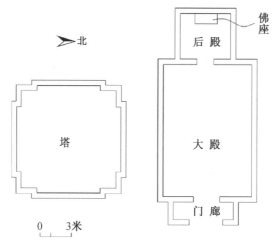

图 4-15 札布让寺佛殿及佛塔测绘平面图
图片来源:笔者绘制

　　正殿的东部及北部还分布着门廊及其他房间,门廊开间约6.7米,进深约1.6米,门廊及其他小房间的墙体略薄,且已看不出是否涂红色,可能建造时期略晚(图4-17)。

　　距离佛堂南墙约3米处为一座规模较大的佛塔,平面呈"亚"字形,边长约10米,塔身雕刻已毁,但从其形制上来看应属于吉祥多门式塔(图4-18)。佛堂周边还有几座佛塔,但体量较略小,且保存情况不佳,较难分辨其形制。在距离佛堂以北近200米的位置,有两排由佛塔排列而成的塔墙,佛塔之间排列紧密,规模大小一致,高度约1.2米。由于这些佛塔均为土塔,坍塌情况较严重,更似一排低矮的围墙(图4-19)。

　　佛堂周边靠近围墙的位置,还分布着一些建筑遗迹,笔者推测应为僧舍等寺庙的附属房间。形制较简单,多为矩形平面,规模比佛堂小(图4-20)。

图 4-16 佛像基座
图片来源:笔者拍摄

图 4-17 佛殿入口
图片来源:笔者拍摄

图 4-18 佛塔
图片来源:笔者拍摄

图 4-19　塔墙
图片来源:笔者拍摄

图 4-20　札布让寺远景
图片来源:笔者拍摄

　　从该寺遗址情况分析(图 4-21~图 4-23),该寺庙佛殿与前文所述宗教遗址的建造形式相似,也是使用土坯砖垒砌、夯制而成,所不同的是,该寺庙佛塔的尺度与佛殿相当,且距离佛殿很近,笔者推测该寺庙佛塔的地位较高,可能是以塔为中心,或者塔与佛殿共同构成寺庙的中心。

图 4-21　札布让寺遗址墙体　图 4-22　从札布让寺遗址遥望古格遗址
图片来源:笔者拍摄

图 4-23　札布让寺遗址立面
图片来源:笔者拍摄

寺庙总图详见图 4-24 所示。

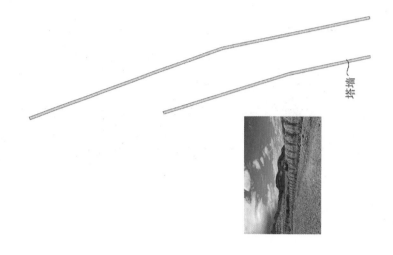

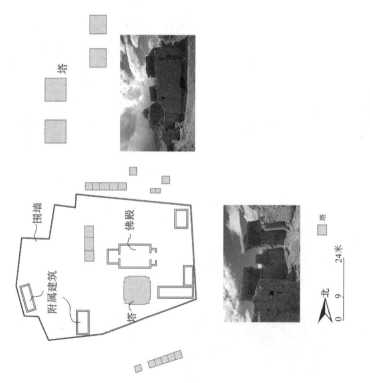

图 4-24 札布让寺总寺平面示意图
图片来源：笔者拍摄

4.4　贡不日寺(古宫寺)

4.4.1　地理位置及历史沿革

　　贡不日寺,又称"古宫寺",位于普兰县城马甲藏布河的北岸。寺庙依山势而建,凿洞建佛殿,用悬挑的木质平台连接各洞窟。寺庙高出河岸台地约 30 余米,沿山坡另辟有阶梯及小路,可达僧人修行及生活的洞窟。

　　此寺之所以又称"古宫",与一段古老的传说有关。相传普兰的洛桑王子与仙女相恋于此,此宫为仙女的居所,是普兰县的重要历史名胜之一。据普兰县文物局介绍,该寺是由别处搬迁而至,搬迁后距今亦有 600 多年的历史了,因此推算大约始建于公元 14—15 世纪,搬迁后山洞的壁画风格与题材与原寺庙保持一致。

　　该寺属于直贡噶举派,创寺人为直贡寺活佛拉嘛坚嘎、多增·郭雅岗巴,寺庙的住持由直贡寺直接派遣,每三至五年轮换一次。

4.4.2　建筑及其布局

　　古宫寺位于普兰县城边的山腰上,与县城隔河相望。寺庙位于山体的南侧,由西至东依次展开,依山势而建,错落有致,布局精巧,与山体结合紧密(图 4-25～图 4-29)。

图 4-25　古宫寺远景
图片来源:笔者拍摄

图 4-26　古宫寺近景
图片来源:笔者拍摄

图 4-27　僧舍洞窟仰视
图片来源:笔者拍摄

图 4-28　寺庙院内台阶
图片来源:笔者拍摄

图 4-29　寺庙及陡峭山体
图片来源:笔者拍摄

从水平方向来看，寺庙大体可分为三个部分，最西面的洞窟是僧侣修行或生活用的，中间的部分是年代较新的小佛殿及转经筒殿，东面为寺庙的主体部分，即洞窟佛殿部分，亦是历史最久远的部分（图4-30）。靠着转经筒殿的位置，在面积不大的坡地平台上建造了寺庙的围墙及入口，笔者推测两者的建设年代一致。通过大门，进入寺庙范围，转经筒殿及小佛殿分列大门两侧，在大门与山体形成的三角形坡地上，树立着经幢。

从竖向上来看，洞窟佛殿与僧侣修行部分由山体开凿而成，高度较高。洞窟佛殿部分分为上下两层，由梯子相连，坡度较大，空间窄小（图4-31）。上层分布着杜康殿、甘珠尔拉康、住持卧室——"申夏"等佛殿，下层现为僧侣生活的辅助用房，转经筒殿的高度比洞窟低，高差约3米。

小佛殿内饰均为新建（图4-32），除杜康殿外，其余各洞窟均无壁画痕迹。杜康殿内的壁画年代较古老，据说是寺庙建立之初所画，保存较好（图4-33）。

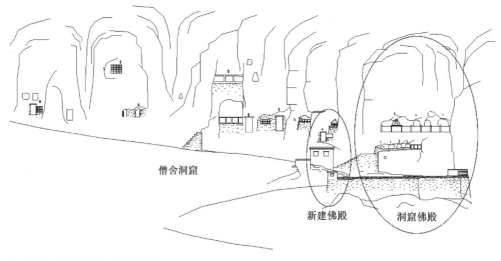

图4-30 寺庙功能立面分析图
图片来源：阿里地区文物局

图4-31 笔者爬梯子
图片来源：笔者拍摄

图4-32 小佛殿内部
图片来源：笔者拍摄

图4-33 杜康殿壁画
图片来源：笔者拍摄

经笔者测量,寺庙主体部分的洞窟全长约 21 米,洞窟高度在 1.8～2 米左右,洞口外悬挑宽约 1.5 米的木质走廊,连接各个洞窟。杜康殿开间约 5 米,进深约 7 米,为寺庙中规模较大的洞窟,平面较为规整,呈矩形。洞内四壁皆绘制有壁画,保存情况较好。"申夏"紧邻杜康殿,开间与进深均为 4 米,呈方形,内供莲花生大师像。甘珠尔拉康位于东面,平面呈矩形,开间约 7.2 米,进深约 4 米(图 4-34)。

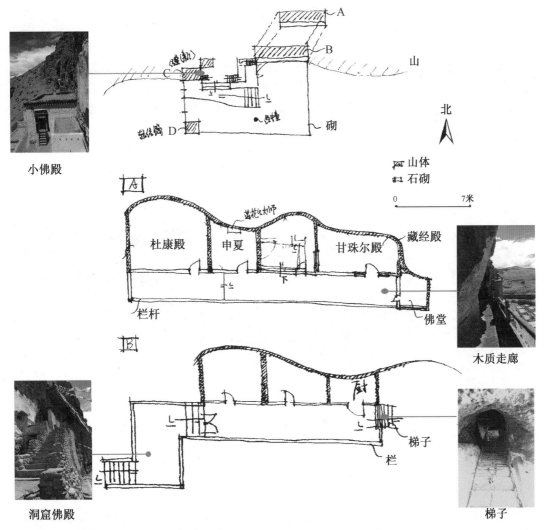

图 4-34　古宫寺平面分解图及各部位照片
图片来源:笔者拍摄

4.5　贤佩林寺、萨贡当曲林巴寺

4.5.1　地理位置及历史沿革

在普兰县孔雀河西边,现今普兰县国际贸易市场附近达拉卡尔山的山顶,沿东西走向的

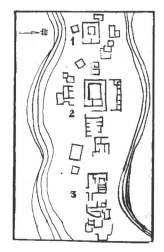

图 4-35　遗址分布示意图
1-萨迦派寺庙建筑；
2-格鲁派寺庙建筑；
3-普兰宗及萨迦派建筑群
图片来源：《阿里地区文物志》

山势分布着一处规模宏大的古老建筑遗址群。

据阿里地区文物局介绍，该遗址的年代跨度较大，最早可以追溯到象雄时期，"最晚至1959年前仍有兴建"[1]，各个时代均在此处留有遗存，对于不同建筑遗址的断代，仍需考古工作者的进一步考证。遗址群整体保存情况较差，因雨水冲刷等原因，山体局部坍塌，对遗址造成严重破坏。

该遗址群中有寺庙建筑及宗堡建筑的遗址，整体沿山势呈东西向展开，高低错落，按照位置区域大致将其分为中部、西部和东部三大部分，中部是一座重新翻修的寺庙——贤佩林寺（或音译为香柏林寺）；西部是寺庙遗址群，其中一处规模较大的佛殿遗址亦属于一座萨迦派寺庙——萨贡当曲林巴寺[2]；东部是普兰宗堡及萨迦派其他宗教建筑群遗址（图4-35～图4-37）。

图 4-36　贤佩林寺
图片来源：笔者拍摄

图 4-37　遗址群
图片来源：笔者拍摄

4.5.2　建筑及其布局

1. 贤佩林寺

贤佩林寺"是17世纪末西藏和拉达克战争结束后……由蒙古大将甘丹才旺白桑布为了忏悔在战争中夺取诸多人命的罪过而建筑的"[3]，是普兰境内的第一座格鲁派寺庙。该寺是拉萨三大寺之一的哲蚌寺的一个属寺，在其属下还有楚古、古苏、卓萨、喜德林、哲达布日五座寺庙。公元17世纪至今，寺庙建筑经历了数次的扩建、修复。现该寺庙大部分建筑只余遗址，杜康大殿（图4-38）及部分佛殿、僧舍为新近重建。

主殿杜康大殿（集会殿）为2002年后重新修建的，居于中心，坐北朝南，现面阔4柱17

---

① 索朗旺堆. 阿里地区文物志[M]. 拉萨：西藏人民出版社，1993：119.

② 古格·次仁加布. 阿里史话[M]. 拉萨：西藏人民出版社，2003：159.

③ 同②。

米,进深 5 柱 17 米(图 4-39),平面近似方形,由经堂及佛堂组成,其中经堂分布有 16 柱,从地上原有柱础(图 4-40)来看有 24 柱。前经堂后佛堂的布局方式为格鲁派寺庙的平面布局样式。门厅处立有两根十二棱柱,该柱式在西藏佛教建筑中出现的时间较晚,亦可表明该寺庙修建的年代。据记载,"在其里面所绘的壁画,独具特色,神态各异,肃容威仪,气势雄伟……"[①],后壁画被毁,翻新后并未保留。

图 4-38　杜康大殿
图片来源:笔者拍摄

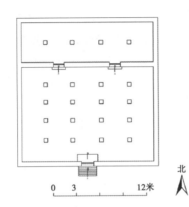

0　　3　　　　　　12米

北

图 4-39　贤佩林寺庙测绘平面图
图片来源:笔者绘制

图 4-40　地上原柱础
图片来源:笔者拍摄

2. 萨贡当曲林巴寺

同样位于山顶的还有萨贡当曲林巴寺,紧邻贤佩林寺的西墙约 30 米位置而立。据记载,该寺庙修建的年代略早,"建于 17 世纪初"[②],属于萨迦派。

现虽仅为废墟,但仍可见其当初的规模。从遗址现状来看,佛殿位于石块铺设的台基之上,佛殿的墙体局部由内、外两部分组成(图 4-41),笔者推测可能是设置了环绕大殿的转经道,佛殿外墙体可能为夯筑,内墙为土坯砖砌筑,两墙之间的转经道宽约 3 米。

大殿平面形状近似方形,边长约 9 米,壁画保存情况较差,内容已难以辨别,只能看到颜色的残留。大殿的周边还分布着其他殿堂及僧舍等建筑遗迹,但不确定是属于该寺庙,还是其他寺庙。

图 4-41　大殿墙体遗址
图片来源:笔者拍摄

3. 其他寺庙(萨迦派)

据贤佩林寺的僧人介绍,山顶的遗址群东部为普兰宗政府及由各地兴建的寺庙废墟,这些寺庙均为萨迦派,可见,当时萨迦派可能得到了普兰地区统治阶层的支持,在阿里地区的势力较强,势力范围主要集中在该处。

---

① 古格·次仁加布.阿里史话[M].拉萨:西藏人民出版社,2003:159.
② 同上。

这些废墟由大大小小的殿堂构成,多为方形或矩形平面,形制较为规整、简洁,与贤佩林寺及萨贡当曲林巴寺相比,规模较小,面积大约在 10～20 平方米,其保存情况差,没有壁画及其他宗教遗迹可寻。

4.6 极物寺

4.6.1 地理位置及历史沿革

极物寺位于普兰县巴嘎乡雄巴村桑多帮日山顶上,处于冈仁波齐峰的南面,拉昂错及玛旁雍错之间,距离神山、圣湖都很近,地理位置极佳(图 4-42)。

据记载,该寺由喇嘛加衮冈日瓦创建,莲花生大师曾在该寺院的东南处修行过。据记载,莲花生大师是在公元 8 世纪左右由赤松德赞赞普从印度邀请入藏的,可见,莲花生大师可能是从印度经过此处到达西藏腹地的。笔者推测,莲花生大师初到此地时,尚无寺庙,便选择了桑多帮日山上的山洞修炼,此后,继续向东到达吐蕃弘法。那么,该寺庙的选址可能受到了莲花生大师修炼传说的影响,而其建造时间可能略晚。该寺庙属于噶举派,"文革"期间遭受严重破坏。

图 4-42　极物寺及玛旁雍错
图片来源:笔者拍摄

4.6.2 建筑及其布局

据说,桑多帮日山上原有一座叫白玛卡尔①的遗址,后由于长期没有管理,而慢慢废弃。极物寺与白玛卡尔结合在一起,原由主殿、护法殿、僧舍等组成。"文革"时期遭受严重破坏,

---

①　卡尔:藏语音译词汇,意指城堡。

1983—2003 年间在原基础上重建。现由主殿、拉康、修行洞、储藏室等组成。

　　寺庙各部分建筑及修行洞均依山势而建,拾级而上,错落有致(图 4-43),整体建筑紧凑而富有变化。寺院大门朝西,进入寺庙院门后,是一个较规整的院落,周围布置的是僧舍及修行洞,顺着阶梯而上,来到了主殿处,该层高度错落变化。主殿平面形制呈 L 形,坐南朝北,开间约 6 米,进深约 10 米(图 4-44)。沿着寺庙内的台阶而上,可达遍插经幡的山顶(图 4-45)。

　　修行洞的洞窟在寺庙东南面的半山腰上,据说,洞窟内有矿石及莲花生大师的脚印。

图 4-43　寺庙远景
图片来源:笔者拍摄

图 4-44　俯视寺庙
图片来源:阿里地区文物局

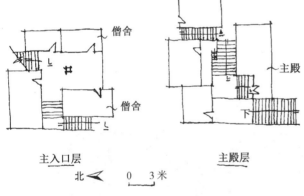

主入口层　　　　　　　主殿层

北　　　0　　3米

图 4-45　极物寺测绘平面图、山顶风景
图片来源:笔者绘制、拍摄

4.7　扎西岗寺

4.7.1　地理位置及历史沿革

　　扎西岗寺位于噶尔县扎西岗村,属于狮泉河流域范围,狮泉河经由此地流入印度境内,成为印度河的上游。这里距离首府狮泉河镇仅 50 多千米,距离克什米尔边境仅百余千米。扎西岗寺依地势建造在一座小山丘上,高低错落有致。

　　据《阿里地区文物志》记载,扎西岗寺的创建人为达格章,原系拉达克赫米尔寺系统,后改宗为格鲁派①。《阿里史话》中关于该寺的建立时间意见不同,认为该寺建立于公元16世纪末,由竹巴噶举派高僧达仓大师选择了从阿里通往拉达克、巴尔蒂斯坦等地的交通枢纽——典角地方而建②,该说法与笔者调研的结果相近。不同的时间记载,尚需历史资料的进一步完善。

达格章大师在建造这座寺庙时,特意从拉达克请来大批的工匠和画师,并运来所需的木料,花费数年时间,最终建成这座雄伟壮观的寺庙。随后,"大师还从拉达克的Hemis(赫米尔)寺请来十三名僧人"③,在此进行佛事活动。据说,赫米尔寺是达格章大师的冬季居住地,而扎西岗寺是大师夏天避暑的胜地。这两座寺庙的建筑形式、风格样式都非常相像,但各自隶属的管辖范围不同,只在宗教方面有一定的关系。

17世纪30年代,拉达克的势力愈加强大,凭借武力占领了古格,直至17世纪80年代初,控制古格领地达五十年之久。在此期间,扎西岗寺完全成了Hemis寺的下属寺庙。1883年,由甘丹颇章政权派出的藏蒙军队将拉达克敌军击退,成功收复了扎西岗寺。

自甘丹颇章政权在阿里地区建立噶尔本政府以后,扎西岗寺便从竹巴噶举派改为格鲁派,下属于拉萨色拉寺杰扎仓,其住持由托林寺的堪布兼任,寺庙的规模更为宏大(图4-46)。

图4-46 扎西岗寺
图片来源:笔者拍摄

据相关史籍记载,该寺历经沧桑,几度兴衰,曾遭受过三次比较重大的毁坏。第一次是在公元1841年,印度锡克人与西藏发生战争时,寺内所藏佛典等文物惨遭洗劫。第二次是殿堂发生火灾,烧毁了殿堂及佛像等物。第三次是"文革"时期被破坏殆尽。1989年,扎西岗寺开始重建。虽然,现如今的建筑完全是重新修建的,但仍保留了原有风貌。

---

① 索朗旺堆.阿里地区文物志[M].拉萨:西藏人民出版社,1993:128.
② 古格·次仁加布.阿里史话[M].拉萨:西藏人民出版社,2003:163.
③ 同②

4.7.2 建筑及其布局

据笔者测量,该寺占地面积近 600 平方米。寺庙建筑防御性很强,布局带有明显的军事色彩,亦反映出当时社会政治的动荡不安。其围墙为略呈矩形的夯土墙,围墙外为一周宽约 1.5 米的壕沟,围墙的四角设有凸出的碉楼,西南及西北角上的碉楼为圆形(图 4-47),现仍旧可见碉楼墙上开设的三角形或长条形的射孔。

寺庙殿堂位于围墙内偏北处,原有三层,有百余间大小不等的房屋,重修后其规模大大缩小,只有两层楼(图 4-48),平面为"十字折角形",门向东。现今,寺庙殿堂的主要建筑是一座八根柱子的集会大佛殿,是僧侣们诵经及朝拜的地方,面阔 2 柱 3 间,长约 9 米,进深 4 柱 5 间,长约 10 米(图 4-49)。中央升起四支擎天柱形成采光天窗,以便通风采光(图 4-50),但已无早期的壁画遗迹。佛殿西面为护法殿,南面及北面各有一个小仓库,笔者推测原本应是两个小佛殿。殿堂屋顶覆有镏金宝瓶,整个建筑庄严巍峨。

图 4-47 凸出的碉楼
图片来源:笔者拍摄

图 4-48 殿堂

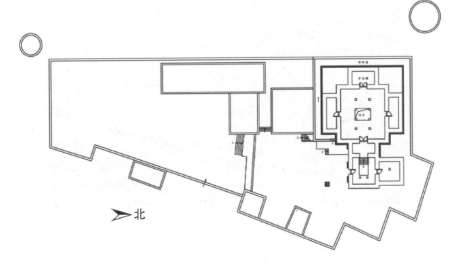

➤北

图 4-49 扎西岗寺平面示意图
图片来源:笔者绘制

图 4-50　天窗
图片来源:笔者拍摄

图 4-51　转经道
图片来源:笔者拍摄

　　整个殿堂外环绕了一圈转经道(图 4-51),这种平面布局方式具有西藏较早殿堂的特征,也与托林寺朗巴朗则拉康中心部分的设计相似。宿白先生在《藏传佛教寺院考古》中提及:"此种殿堂在卫藏地区最迟不晚于 14 世纪,如考虑扎西岗寺原系拉达克系统,结合'公元 15 世纪初叶和中叶,拉达克王札巴德和次旺朗杰曾先后两次派人测绘此殿(托林寺朗巴朗则拉康),按照其独特的模式,在拉达克兴建寺庙和佛殿'的事迹,扎西岗寺殿堂的时间或许较 14 世纪略迟。"[①]

4.8　古入江寺

　　著名的本教大师琼追·晋美南卡于 1936 年在本教大师詹巴南夸的修行洞周边,建立了现阿里地区仅有的一座本教寺庙——古入江寺(图 4-52)。

图 4-52　古入江寺
图片来源:笔者拍摄

---

①　宿白.藏传佛教寺院考古[M].北京:文物出版社,1996:177.

古入江寺"文革"期间被毁,1985 年重建,笔者调研时住持是晋美南卡大师的徒弟——丹增旺扎。

现今寺庙由在原址范围内重建的杜康殿、护法殿、甘珠尔拉康、僧舍等建筑及修行洞组成(图 4-53)。寺庙建筑位于较平坦的河谷地带,殿堂、佛塔、转经筒等均被呈矩形的院墙围合,建筑及院墙入口均设在东面。

杜康大殿位于院内偏西南的位置,平面呈矩形,由门廊、经堂及佛堂组成,经堂面阔 4 柱 5 开间,进深 5 柱 6 开间,殿内陈设较新。护法殿与杜康殿平行布置,体量较小,平面呈方形,开间及进深均为 3 柱,柱间距约 3.5 米(图 4-54),殿内陈设着一些寺庙重建前的遗物等。杜康殿门前立有经幢,塔及寺庙内其他建筑布置在两座佛殿周边,院墙的南、北、西三面墙体内外均满布转经筒,北墙上开设通往山上修行洞的偏门。该寺塔的样式较独特,塔身为矩形,正面开设方形孔,塔顶亦为矩形(图 4-55)。

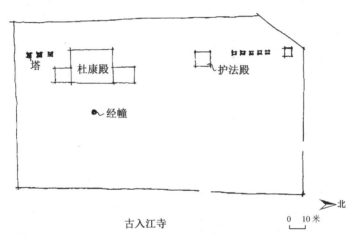

图 4-53　古入江寺总平面
图片来源:笔者绘制

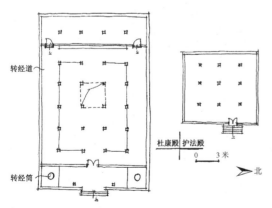

图 4-54　杜康殿及护法殿平面图
图片来源:笔者绘制

图 4-55　塔
图片来源:笔者拍摄

4.9　伦珠曲德寺

在西藏西部地区的日土县境内,有一处宗山城堡遗址修筑在一座形同卧象的山顶,海拔约 4 700 米,山体的西南、西北面为沼泽,植被茂盛,光照充足。

遗址依山就势,规模宏大,由四殿、一宗、一康组成,即东殿、西殿、热普丹殿、喀噶殿、日土宗、拉康机索(总管寺庙公共财务收支的机构),是集合了宗教、政治、军事为一体的建筑群,极具特色,而这其中的四殿、一康便组成了伦珠曲德寺(图 4-56)。

该建筑是由"日土历史上有名的酋长昂巴朗杰平当施主创建的"[①],伦珠曲德寺建于公元 16 世纪左右。由于日土与拉达克来往密切,而拉达克是竹巴噶举派的势力范围,所以该寺在建立之初属于竹巴噶举派,自五世达赖喇嘛后改为格鲁派。也有记载说,该寺庙各殿教派各异,有萨迦和竹巴噶举派等,后统一改宗为格鲁派,并成为色拉寺杰巴扎仓的属寺。

该建筑群在历次战争中惨遭劫难,其整体已基本倒塌。据日土县文物局介绍,1986 年修复了热普丹殿,按照原来的布局修建,另外在该殿东边修建了玛尼拉康和僧舍。

有关该遗址上宗教建筑的教派及年代记载不一,笔者将寺内僧人的说法及可查记载综合后,推测:各个佛殿由不同的教派所建立,酋长昂巴朗杰平建立了其中的热普丹殿,随着格鲁派势力的强盛,各教派佛殿逐渐衰败。热普丹殿改宗格鲁派,得以保留,其他佛殿日渐荒废。

图 4-56　日土宗山伦珠曲德寺遗址
图片来源:笔者拍摄

图 4-57　遗址及热普丹殿
图片来源:笔者拍摄

2010 年笔者第一次调研该寺庙时,热普丹殿和玛尼拉康保存较好,其他殿堂及城堡皆为遗址(图 4-57)。寺内僧人向笔者介绍了这座山上以前的建筑分布,山顶上有东西排列的两座较高的山顶平台,热普丹殿、玛尼拉康及以前的格鲁派佛殿、竹巴噶举派佛殿建于一座山顶平台上,一座布丹建造的佛殿及"辛拜卡"日土宗城堡建于另一座山顶平台。

修复后的热普丹殿坐西朝东,外墙涂红色,一层由门廊、正殿及后殿组成。门廊 3 开间宽约 8.5 米,进深 2.5 米。正殿 3 开间宽约 8.5 米,进深 3 开间约 8 米(图 4-58)。后殿位于

---

① 古格·次仁加布.阿里史话[M].拉萨:西藏人民出版社,2003:173.

正殿西侧,宽约 4.5 米,进深约 4.4 米,接近方形,后殿正中供奉未来佛,佛像体量较大,基座较高,基座与四周墙壁之间形成宽约 0.8 米的转经道,墙壁部分位置可见壁画残存(图 4-59)。二层只有一间佛殿,为班丹拉姆殿。

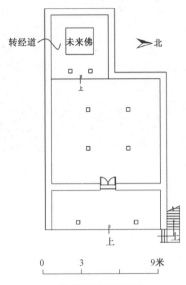

图 4-58　热普丹殿平面图
图片来源:笔者绘制

图 4-59　热普丹殿转经道
图片来源:笔者拍摄

玛尼拉康位于热普丹殿东面,规模较小,外墙涂黄色(图 4-60),内部安放转经筒。内部墙壁亦为黄色,镶嵌刻有佛像的石板,石板颜色较鲜艳。

近年来政府对阿里地区的许多宗教建筑进行了维修,2011 年当笔者再次来到该寺时,热普丹殿、玛尼拉康及周边的僧舍均经过维修(图 4-61)。

图 4-60　玛尼拉康
图片来源:笔者拍摄

图 4-61　2011 年的热普丹殿
图片来源:笔者拍摄

4.10　森巴遗址

笔者于 2017 年 7 月调研普兰县城北部森巴战役遗址时(图 4-62),发现现场有残缺的房屋、防卫墙及佛塔,还在佛塔下发现大量擦擦(图 4-63)。建筑破损严重,已无法分辨房屋功能,但擦擦数量较多、保存较好,且较为精美。

图 4-62 森巴战役遗址
图片来源:笔者拍摄

图 4-63 佛塔遗址及散落的擦擦
图片来源:笔者拍摄

擦擦,即藏族群众聚居区的模印陶塑,古代之擦擦多烧制成陶,有素陶及彩绘陶两种。内容多有佛、菩萨、金刚、护法、佛母、空行母、高僧大德、坛城、佛塔以及十字真言等,大小不一,成人巴掌大小的擦擦最为常见。从材质上来看,因为不同地域的土质有所差别,所以烧制后的显色也不同;从造型艺术手法上来看,不同时期的擦擦在造型上受到周边地区佛教文化的影响也有所区别。

在漫长的历史变迁中,西藏西部地区的佛造像风格从早期的印度、尼泊尔风格逐渐演变成当地的风格特征,擦擦的创作艺术表现为不同时期的风格各具特征。此次考察发现的擦擦数量较大,佛像造型种类众多。从擦擦的外表可观察到,由于风化的原因,裸露在表层的擦擦褪去了色彩,呈黄土色,往下一层的擦擦,可隐隐看到红褐色的涂刷。

1. 佛像擦擦

如图 4-64 所示释迦牟尼泥质擦擦,其造像样式与 15 至 16 世纪的样式相似①。造型特征:佛像螺发、高髻,右手作触地印,左手作禅定印,结跏趺坐于仰莲座上,身着袒右袈裟。饰覆钵形头光,外饰连珠纹和火焰纹。

如图 4-65 所示无量寿佛擦擦,泥质脱模制作,造像样式与 15 至 16 世纪的样式相似②。在这一遗址佛塔中的无量寿佛形象的造型特征:高发髻,头戴宝冠,饰耳铃、项链、臂钏、手镯等,结跏趺坐,定印、手捧宝瓶,菩萨像边缘题有铭文,外饰连珠纹和火焰纹。此为菩萨装无量寿佛,与汉地金刚寿命菩萨像在仪轨教义中相同。此外,还有一种手捧金刚杵的菩萨造型与之相似,在莲座下有金刚杵造型(如图 4-66 所示)。

2. 菩萨擦擦

如图 4-67 所示四臂观音,泥质脱模制作,造像样式与 15 至 16 世纪的样式相似。造型特征:观音造型为一面四臂,高发髻,主臂作转法轮印,其余二臂各持莲花和念珠,结跏趺坐。头戴宝冠,饰耳铃、项链、臂钏、手镯等,菩萨像边缘题有铭文,外饰连珠纹和火焰纹。

① 熊文彬,李逸之. 西藏古格擦擦艺术[M]. 北京:中国藏学出版社,2016:87.
② 熊文彬,李逸之. 西藏古格擦擦艺术[M]. 北京:中国藏学出版社,2016:92.

图 4-64　释迦牟尼擦擦
图片来源:袁华斌拍摄

图 4-65　菩萨装无量寿佛擦擦 1
图片来源:笔者拍摄

图 4-66　菩萨装无量寿佛擦擦 2
图片来源:袁华斌拍摄

图 4-67　四臂观音擦擦
图片来源:笔者拍摄

图 4-68　五字文殊擦擦
图片来源:袁华斌拍摄

图 4-68 所示五字文殊菩萨,泥质脱模制作,造像样式与 15 至 16 世纪的样式相似。造型特征:高发髻,头戴宝冠,饰耳铃、项链、臂钏、手镯等,左手当胸持梵箧,右手挥剑。菩萨左侧为带莲茎的莲花,右侧为五字真言;外饰连珠纹和火焰纹。

金刚亥母(图 4-69)造像样式与 15 至 16 世纪的样式相似。造型特征:高发髻,愤怒像,三目,右手持金刚杵,左手托嘎布拉碗,臂夹嘎布拉仗(损毁),舞立姿,左足踏外道。头戴宝冠、系宝缯,饰耳环、项链、臂钏、手镯、足钏、璎珞,挂骷髅头长链,披帛带,身着璎珞裙,外饰连珠纹和卷草纹。

绿度母(图 4-70)造像样式与 15 至 16 世纪的样式相似。造型特征:高发髻,左手作说法印,右手作与愿印,结游戏坐,右足踏莲台。头戴宝冠、系宝缯,饰耳铛、项链、臂钏、手镯、足钏,身着裙子,饰椭圆形背光。造像左右侧为莲花,右侧莲花上方放置佛塔,周围有真言铭文。

图 4-69　金刚亥母擦擦
图片来源:笔者拍摄

图 4-70　绿度母擦擦
图片来源:袁华斌拍摄

3. 文字擦擦

六字真言(图 4-71)擦擦,泥质脱模制作,造像样式与 14 至 15 世纪的样式相似①。擦擦上饰圆形六瓣莲花,外饰连珠纹,莲瓣与莲台中题有藏文六字真言,铭文从右往左排列。铭文外侧还有一圈五方佛种字、三字总持咒等铭文。

4. 佛塔擦擦

圆雕八塔(图 4-72)擦擦,泥质脱模制作。塔瓶呈覆钵状,下承八面塔阶,每一面塔阶饰有一座浮雕菩提塔,分别为菩提塔、聚莲塔、尊胜塔、离合塔、神变塔、吉祥多门塔、天降塔和涅槃塔。塔阶座处饰有一圈梵文铭文和莲瓣。底部 3 厘米左右的部分是制作时保留的凸起泥沿。

图 4-71　六字真言擦擦
图片来源:笔者拍摄

图 4-72　佛塔擦擦
图片来源:袁华斌拍摄

---

① 熊文彬,李逸之. 西藏古格擦擦艺术[M]. 北京:中国藏学出版社,2016:249.

在笔者调研该遗址时,发现其建筑、佛塔、防卫墙的损毁程度比较严重,但是,从遗址现存的部分细节依旧可以推测其功能可能是佛塔及其他宗教建筑(图 4-73)。从破损的墙体里散落出来的擦擦,相对来讲保存情况较好,能够较为清晰地辨别其造像,且花纹较为完整,有的甚至保留原先的色彩。

图 4-73　遗址内建筑遗存
图片来源:袁华斌拍摄

有资料记载,擦擦是公元 10 世纪以后自印度传入西藏地区的,擦擦盛行的时期是阿底峡大师入藏传教的时期,而西藏西部地区是阿底峡大师重要的传教地,至今该地区还保留着许多古老的佛塔及擦擦。擦擦在藏族聚居区大量普及的时期大约在公元 13—15 世纪,不仅用于寺庙、佛塔、佛龛等宗教建筑中,还融入藏族民众的日常生活之中,其造型也更加丰富多样。

佛教认为佛塔是佛身的再生,擦擦是积攒善业功德、消灾祈福的宗教"圣物"。藏传佛教后弘期信徒群众大量修建佛塔,无数擦擦藏于塔中,使得古代陶塑、泥塑佛教造像艺术得以保存至今。在宗教寺院的佛殿建筑墙壁上,常用摆放整齐的擦擦装饰墙面。与千佛壁画相比,塑像造型犹如"立体的千佛墙",别有一番佛国风韵。

第 5 章
宗教建筑类型

宗教建筑也像其他建筑一样,会受到不同地区的地理环境、建筑材料、人文文化等多方面因素的影响,因此,即使是同属于一个宗教的建筑,在不同的地区也会表现出地方性特色,其类型也不尽相同,笔者在该章节中将上述西藏西部地区的宗教建筑按照形式分类阐述。

5.1 洞窟类

洞窟式建筑,便是依山崖人工挖成的山洞。在藏族聚居区,洞窟式建筑主要分布在土林丰富的西藏西部地区。该地区地质属于湖盆谷地,在气候、地面运动等多种因素共同作用下,形成了流水侵蚀地貌的独特土林景观(图5-1)。土林的土质中一般含有铁质等矿物,对下部土层具有保护作用,其凸起的土层坡度较大。

该地区冬季一般降水少、温差大、气候干燥、多大风,而夏季的雨量较为集中,加之缺乏木材和石材,因而比较适宜就地取材、建造人工洞窟。

笔者先后于2010、2011年对阿里地区的日土、噶尔、普兰、札达县等地进行了调查,发现洞窟式建筑很普遍,在许多山体坡地、河谷地带可以看到几十个甚至上百个大大小小的洞窟成组地结合在一起(图5-2)。其中又以札达地区的洞窟数量最多,尤其是古格王朝时期的洞窟群,其规模较大、保存也较为完好。

图5-1 土林
图片来源:笔者拍摄

图5-2 洞窟群
图片来源:笔者拍摄

洞窟式建筑种类较为多样,有民居、修行、供佛等类型,各洞窟群大多包含多种类型的洞窟个体。古格故城遗址等地的洞窟群都是民居洞窟与寺庙及僧人修行洞窟等相互结合的,寺庙及国王、贵族的洞窟位于山体的较高处,民居洞窟的高度相对较低,处于山腰或山脚位置。

由于洞窟一般背山面水,环境幽静,适宜精修,所以本教及佛教大师都曾选择山洞作为修炼地点,下文主要讨论这些宗教类的洞窟。

5.1.1 本教洞窟

如前文所述,本教最初并无寺庙建筑,许多本教大师的修炼道场就选择在山洞或郊野地方,例如噶尔县门士乡境内紧邻象泉河的詹巴南夸修行洞。洞内并无过多修饰,设有修行座。

5.1.2 佛教洞窟

据说佛教在古印度诞生后,印度的佛教徒多采用石头与砖料来建寺庙,为了在修行中免受世俗世界的影响,印度的僧侣们在火山岩地带凿窟而居,形成了古印度佛教寺庙的一种形式——石窟寺建筑。

随着佛教在印度周边地区的传播,石窟寺建筑亦对其他地区的佛教建筑产生影响,但各地区自然环境存在差异,石窟寺建筑在有些地区演变成洞窟式建筑。阿里地区受自然条件的限制,山体多为土质,难以建造印度式宏伟的石窟寺,因此建造的多为规模较小的佛教洞窟。自象雄时代起,西藏西部地区的人们便擅长利用当地自然环境开凿洞窟,佛教洞窟与本地习俗相结合,因此,该地区的佛教洞窟数量众多。根据各洞窟内的陈设及功能的不同,可将佛教洞窟细分为以下几种。

1. 礼佛窟

该类洞窟往往供奉佛像或设置佛塔,洞内壁上会有壁画,是进行宗教活动的场所。

前文所述的东嘎遗址中著名的三个洞窟便属于该类(图 5-3)。

2. 修行窟

该类洞窟主要供僧侣修行与起居,洞窟内设有僧侣修行禅座、摆放经书或擦擦的壁龛等,例如上文所述的古格修行洞。修行禅座及壁龛一般在内壁上挖凿而成,形式较简单。笔者调研的札达附近的洞窟修行禅座一般有两种样式,一种座位处较窄、背龛较高,往往成组设置,可能供年轻的僧人使用;一种座位处较宽、背龛较矮,可能供老者使用(图 5-4)。

图 5-3 东嘎礼佛窟
图片来源:笔者拍摄

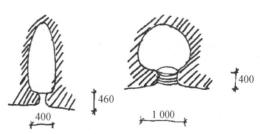

图 5-4 修行禅座
图片来源:笔者自绘(单位:毫米)

僧侣修行的洞窟与居住的洞窟联系十分密切,二者中许多是相连的,难以明确区分。大多数情况下,修行洞窟既用于僧侣的宗教修行,又用于生活起居。

与民居类洞窟相比,修行洞窟内壁附着一层黑色物质,由僧人在念经诵佛时所点的酥油灯熏制。酥油灯由油脂精制而成,火光稳定、持久,燃烧时散发清淡的奶油香味,该物质并无黏性。

西藏地区有许多有关大师修行洞的传说,这些洞中可能保留有大师的脚印、手印等遗迹,这类洞窟在阿里地区的数量也较多,有一些寺庙会选址在大师曾经的修行洞旁边,例如前文所述的极物寺。

前文所述的各洞窟遗址内几乎都包含修行窟,例如托林寺周边遗址、玛那遗址、古格故城遗址、皮央·东嘎遗址、达巴遗址等遗址范围内均包含修行窟。

3. 壁画窟

壁画窟一般在洞窟内部绘制佛教题材的壁画,该类洞窟可能与礼佛窟或修行窟共同存在,如前文所述的古格修行窟,壁画窟便是其中的一个洞窟,是其组成的一个部分。

5.2 洞窟与建筑结合

西部地区洞窟的数量众多,其中有很大一部分为宗教类的洞窟。有些寺庙在原有洞窟的基础上,增加人工设施建成,形成洞窟与建筑结合的寺庙形制。这些寺庙很好地利用了山地所特有的地形地貌,形成独特的景观效果。

前文所述普兰县的古宫寺,寺庙依山势而建,凿洞建佛殿,用悬挑的木质平台连接各洞窟(图5-5),与自然环境很好地结合在一起。底层洞窟进深较小,洞口处建造平台,山体上开洞搭建连接二层的梯子,二层为寺庙主体佛殿,开间与进深稍大,洞口较低,洞内空间稍高,约2米(图5-6)。整座寺庙以洞窟为主体,人工设施为辅,寺庙整体紧凑而富有变化。

前文所述东嘎扎西曲林寺的F2佛殿北

图5-5 古宫寺木质平台
图片来源:笔者拍摄

部连接着两个并排的方形洞窟,洞窟内有壁画,保存较好,可能为壁画窟。该佛殿平面为方形,有门廊,笔者推测其平面形制可能是中央大殿与佛殿形成的"凸"字形佛殿的变形(图5-7)。

5.3 寺庙建筑

随着生产力的提升、生活水平的提高以及佛教徒的增加,修行洞及洞窟类的寺庙已经不能满足使用要求,于是,阿里地区的人们克服了自然条件的限制,建造了越来越多的气势宏伟的寺庙建筑。

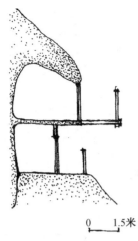

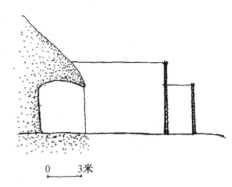

图 5-6　古宫寺剖面
图片来源:笔者绘制

图 5-7　扎西曲林寺 F2 佛殿剖面
图片来源:笔者绘制

　　西藏西部地区有托林寺、科迦寺等规模宏大的佛教寺庙建筑,亦有扎西岗寺、达巴扎什伦布寺等防御性很强的如堡垒一样的寺庙建筑,还有许多寺庙遗迹以及尚未被发掘的宗教建筑。这些都反映出该地区辉煌的宗教文化。

5.3.1　寺庙的组成

　　西藏西部地区的宗教建筑由来已久,从本教修行洞到佛教建筑,经历了漫长的宗教及建筑形式的转变过程。佛教成功融入西藏社会后衍生出藏传佛教,藏传佛教的修行方式与本教不同,如前文所述,藏传佛教中的格鲁派戒律严明,要求僧人在寺庙中修行及生活,因此,其寺庙规模庞大,其内部的建筑并非只有供奉佛教用品的房间,还有许多僧人使用的附属房间。笔者按照对该地区佛教寺庙的调研结果,将寺庙建筑的不同功能归纳如下。

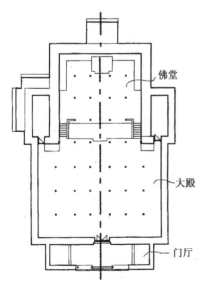

图 5-8　佛殿分析图
图片来源:笔者绘制

1. 佛殿

　　佛殿是寺庙中的主体建筑,是用来供奉佛像、佛经的主要场所,在整座寺庙建筑中地位最高、规模最大,如前文所述托林寺的迦萨殿、红殿、白殿,科迦寺的百柱殿、释迦殿等,均是整座寺庙的核心建筑。有些规模较小的寺庙只有一座中心佛殿,例如前文所述的热布加林寺、扎西岗寺、贤佩林寺等。

　　1) 佛殿的组成

　　佛殿内梁柱雕刻精美,壁画形象生动,集结了寺庙建筑中精美绝伦的艺术精品。佛殿建筑又可细分为门厅、大殿及佛堂,多位于中轴线上(图 5-8),有的佛殿内包含转经道,有的把转经道设置在佛殿外围。

　　2) 佛殿形制的演变

　　(1) 从平面形制来看,笔者将西藏西部地区的早期宗教建筑的遗址与后期的寺庙建筑相比较,早期平面形制可以分为三种：一种为"凸"字形或方形，朝向多为东向，规模较小，开间一般在十余米；一种为周围小室围绕中央大殿的形式，规模略大；一种为"亚"字形，主要佛殿位于中心位置。有的佛殿会选择模仿较早的寺庙样式，例如托林寺迦萨殿模仿桑耶寺而建，而且"凸"字形及"亚"字形佛殿较强调佛堂(表5-1)。

表 5-1　公元 10—12 世纪佛殿平面形制

年代	平面形制	朝向	佛殿名称
10—12 世纪	凸字形、方形	东	托林寺周边遗址
		东	格林塘寺遗址
		东	玛那寺
		东	托林寺金殿
		东、北	科迦寺百柱殿、释迦殿(早期)
		南	热布加林寺
	小室围绕大殿或庭院	东	格林塘寺遗址
		东	古格故城佛殿遗址
	亚字形	东	托林寺迦萨殿

随着藏传佛教的兴盛，各寺庙的佛殿规模逐渐扩大，尤其是佛殿内的经堂，能够容纳数量众多的僧人打坐念经；佛殿内的佛堂数量亦有所增加。如前文所述科迦寺百柱殿平面形制的演变过程，就很好地反映了早期佛殿在不同历史阶段的发展过程。

(2)从室内空间来看，可能是受到印度佛教建筑的影响，西藏西部地区早期的佛殿开窗较少，例如托林寺旧址、格林塘寺遗址等，并未在遗址墙体中发现窗洞。在查阅相关印度宗教建筑的资料后发现，有的印度寺庙整体不开窗洞，室内较昏暗，少许的阳光通过大门进入室内，以此凸显大门的重要性。随着藏传佛教寺庙的佛殿规模逐渐增大，室内空间逐渐增大，佛殿中央一般开设天窗，便于室内采光的同时，营造了一种佛光普照的宗教氛围。

2. 佛塔

寺庙的佛塔位置不一，有的靠近佛殿，有的距离佛殿较远。佛塔的规模与样式亦不同，笔者于下文着重谈论。

3. 僧舍等附属用房

附属用房主要解决僧人的生活起居需要，其规模较小，形式较简单，一般位于靠近寺庙院墙的边缘位置。如前文所述，玛那寺、扎西岗寺、札布让寺等寺庙的僧舍均位于寺庙范围的边缘位置，且多为简单的矩形平面。

5.3.2　寺庙的选址与布局

1. 寺庙选址

1) 自然及社会因素

自古以来，人们便根据所处的环境选择适宜居住的地方来建造房屋。在青藏高原这样自然环境相对恶劣的条件下,建筑的选址尤为重要。早在本教的教义中便包含了相地之术。吐蕃王朝时期,文成公主将汉地的堪舆测算带入西藏,在吐蕃境内选择十几处位置建造了早期的佛教寺庙。其实,简单地讲,相地、堪舆等风水选址原则就是选择靠近水源、阳光充足、保暖避风的地方,是符合人们日常生活要求的地方。

西藏西部地区较干旱,温差大,海拔较高,笔者调研的该地区寺庙,大多分布在主要的四条河流——象泉河、孔雀河、狮泉河、马泉河及其支流的河谷地带,这些地带是阿里高原上较湿润、植被较多的地方。有的寺庙坐落在河谷地带的宗山上,与宗堡建筑结合在一起,如前文所述的伦珠曲德寺、贤佩林寺、萨贡当曲林巴寺、达巴扎什伦布寺等;有的选址在河谷的山顶或山腰等防御性较强的地方,例如嘎甸拉康、喜德林寺、贡不日寺、扎西岗寺等;有的建立在河谷边的平原地带,例如托林寺、科迦寺、札布让寺等。从选择的位置上来看,可以把这些寺庙笼统地分成山地寺庙与平原寺庙两种。

（1）山地寺庙

山地寺庙依山势而建,错落有致,与环境很好地结合在一起。与宗堡建筑结合在一起的寺庙,其主殿靠近宗堡建筑,与宗堡类的建筑一同处于防护围墙、碉堡的保护内,既有很强的防御性,又能保持与统治阶级之间的紧密联系,如达巴扎什伦布寺（图 5-9）。建立在山顶或山腰地带的寺庙,一般主殿的位置较高,其他附属建筑位置相对较低,多建有围墙及碉堡,例如托林寺周边遗址、皮央—格林塘寺遗址、扎西岗寺（图 5-10）等,既是寺庙,又是堡垒,防御性较强。

寺庙充分利用山体地形,发挥了山地建筑的优势。

图 5-9　达巴扎什伦布寺与围墙
图片来源:笔者拍摄

图 5-10　扎西岗寺的围墙及碉堡
图片来源:笔者拍摄

（2）平原寺庙

此类寺庙主要分布在河谷平原地带的一些人口聚集的村落中。为了弘扬佛教,扩大佛教在西藏社会的民众基础,势必要在靠近人口聚集的村落兴建寺庙。如前文所述的托林寺、科迦寺、玛那寺等,均是建立在较为平坦的河谷河岸地带,与村落结合在一起,且寺庙规模较山地寺庙更大。

这些寺庙与其周边民居的结合紧密,拉近了与民众之间的距离,随着不断有民众接受佛教思想,越来越多的民众聚集定居在寺庙的周边。

2) 宗教传说——神山、圣湖崇拜

（1）神山崇拜

如前文所示，普兰境内的冈仁波齐峰被本教、佛教、印度教、耆那教等各教派认定为世界的中心，被信徒们称为连接天界的天梯。藏传佛教亦将该山峰奉为神山，莲花生大师、噶举派的米拉日巴大师曾来此修炼、斗法，在山周边留下了诸如脚印等许多圣迹。尤其是噶举派的米拉日巴大师，常年在此闭关苦修，此后的噶举派大师大都遵从这种修炼方式，因此，冈仁波齐峰周边的许多宗教建筑属于噶举派。

"其东西南北四面有四座颇富名声的寺宇"①，西面为曲古寺，北面为哲日普寺，东面为仲哲普寺，南面为江札寺，均属于噶举派。四个方位的四座寺庙伴随着冈仁波齐峰，宛如一座立体的曼荼罗，四座寺庙的周边还分布泉眼、修行洞等圣迹。

图 5-11　玛旁雍错
图片来源：笔者拍摄

（2）圣湖崇拜

位于冈仁波齐峰南面的玛旁雍错是世界上海拔最高的淡水湖之一，景观十分美丽（图 5-11）。藏传佛教的信徒们认为"此湖是龙王的栖息处，十分神圣不可侵犯。无龙便无湖，无湖便无水，无水便无植被，无植被便无生命，所以湖就是生命之神，是生灵生长的灵气之源泉"②。

在玛旁雍错的周围分布着众多的宗教建筑，如萨迦派的阳果寺，格鲁派的锤果寺、果祖寺，噶举派的极物寺、朗拿寺、色拉龙寺，等等。圣湖的附近还分布着一些修行洞以及其他的寺庙，但始建年代均不确定，在西面的拉昂错周边还分布着许多石构遗址，可见，圣湖周边自古便是宗教圣地。

上文所述的圣湖边的现属于格鲁派的锤果寺、果祖寺这两座寺庙，在最初建寺时为噶举派，其中果祖寺的山洞内留有阿底峡大师的圣迹，随后，竹巴噶举派的祖师在此洞内修行数月，此地便被称为"竹巴噶举派诞生之地，从此以后成了竹巴噶举派的修行、成道的重要场所。但始终未形成有规模的寺庙……"③

2. 寺庙布局

如前文所述，佛殿为寺庙最重要的、核心的建筑，处于较中心的位置，其他附属建筑及塔布置在核心佛殿的周边，但不同地形环境建造的寺庙布局形式又有所分别。

1) 山地寺庙布局

山地寺庙的建筑顺应山势而建，例如古格故城遗址中的各个佛殿，处于不同高度的坡地平台上，佛殿之间由拾级而上的台阶相连，从山脚、山腰到山顶位置都分布着大大小小的佛殿及佛塔，布局灵活，充分体现建筑与自然的和谐共存。有的山地寺庙将各佛殿集中式地布置在山顶或山体的其他位置，例如皮央—格林塘寺遗址、东嘎扎西曲林寺遗址，各个佛殿均

---

① 古格·次仁加布.阿里史话[M].拉萨：西藏人民出版社，2003：97.

② 古格·次仁加布.阿里史话[M].拉萨：西藏人民出版社，2003：123.

③ 同②

位于山顶平台上,外围用围墙、碉堡围合,该布局的佛殿间距较大。

2)平原寺庙布局

笔者调研的西藏西部地区的平原寺庙规模较山地寺庙规模大,如托林寺、科迦寺等寺庙,其核心部分由佛殿群组成,僧舍等建筑围绕在佛殿群的周边。佛殿与佛殿、佛殿与寺庙主入口之间并无对称关系。总体来说,整座寺庙的建筑以佛殿群为核心,佛殿群又以中心佛殿为核心,向周边自由展开布局,形式富有变化。

5.4　塔

在西藏西部地区,甚至整个西藏地区,凡是有寺庙或者村子的地方,随处可见到塔。有的佛塔被安置在寺庙建筑的室内,有的在室外,还有的在洞窟中,抑或是独立存在,总之,塔是藏族聚居区十分普遍的宗教性建筑。

5.4.1　塔的起源

说到"塔"的起源,很多人都会想到印度的塔,笔者认为,印度的塔是佛塔的雏形,但是在仿照佛塔建造之前,西藏已然有"塔"的存在。

1.本教塔

本教时西藏已有类似塔状的宗教性建筑,称为"神垒",平面有方有圆,用土石垒砌。由于本教距今年代久远,且少有典籍流传,笔者查阅了许多的史籍资料,尚未发现对"神垒"样式的详细描述。

笔者在西藏西部地区现存唯一的一座本教寺庙内,发现该寺庙的塔为方形(图5-12)。按照塔的一般组成,用塔基、塔身、塔刹来描述该塔。塔基、塔身、塔刹均为方形,塔基为三层,被涂成红色,塔身为白色,正面开矩形窗口,透出内部红色部分,像是红色塔刹的延伸。塔刹、塔身顶部为四坡样式,塔刹上承体量较小的铜质塔幢。由于缺乏本教塔的资料,笔者无法判断该形式的塔是否与本教塔有一定的渊源。这种形式的塔,与笔者在普兰境内的嘎甸拉康山上见到的塔有一定的相似性。

图 5-12　古入江寺塔
图片来源:笔者拍摄

2.印度塔

随着印度佛教向西藏的传入,印度式的佛塔亦传入西藏地区。印度称塔为"窣堵坡",主要用于供奉和安置佛祖及圣僧的遗骨、经文和法物,形状为有基座的半球形,规模较大者外围有石栏杆,栏杆在四个方位各开一门。佛教传入西藏以后,西藏工匠开始将印度或尼泊尔形式的塔与当地的"神垒"相结合,逐渐形成藏式佛塔,俗称"喇嘛塔",藏语称为"曲登""却甸"等。

5.4.2 藏式佛塔的种类

1. 按形式分类

据说,释迦牟尼的舍利被八个国王分别放于八座佛塔中,分别代表其一生的八个重要转折点。西藏的佛塔仿照这八大舍利塔,结合释迦牟尼的八种精神境界建造了"八相塔":

图 5-13 札布让寺吉祥多门塔
图片来源:笔者拍摄

（1）叠莲塔（堆莲塔）

纪念释迦牟尼出生后行走时步步生莲花的故事而建。

（2）菩提塔

纪念释迦牟尼得道成佛而建。

（3）吉祥多门塔

纪念释迦牟尼第一次宣讲"四谛"而建。如前文所述,札布让寺遗址内的佛塔即吉祥多门塔(图5-13),托林寺迦萨殿围墙四角上的小佛塔有三座采用该形式。

（4）神变塔

纪念释迦牟尼降服妖魔而建。

（5）神降塔（天降塔）

纪念释迦牟尼得道后从天上重返人间而建,例如托林寺迦萨殿周边的佛塔(图5-14),塔基为方形,边长约10米,塔身仿照原样修复。

（6）和平塔

纪念释迦牟尼劝服佛教徒之间的争辩而建。

（7）殊胜塔

纪念佛陀自主生死之境界,祝愿释迦牟尼长寿而建。

（8）涅槃塔

纪念释迦牟尼向众生展示万物无常而入于涅槃。

在西藏佛塔中,还有梵天塔、时轮塔等其他类型,其形制大都与"八相塔"相同。"八相塔"在西藏西部地区的寺庙中均能见到,有时成组出现(图5-15),有时单独设置。

笔者调研时,看到该地区使用较多的为吉祥多门塔及神降塔。

2. 按材料分类

藏式佛塔按照其材料来划分,可以大致分为以下几种。

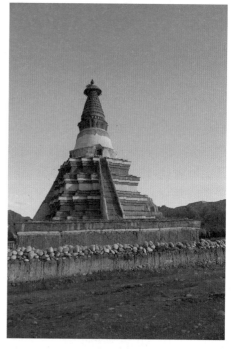

图 5-14 托林寺神降塔
图片来源:笔者拍摄

图 5-15 科迦寺八相塔
图片来源:笔者拍摄

图 5-16 札布让寺周边塔墙
图片来源:笔者拍摄

(1)土塔

这类塔大都是采用黏土或黏土制成的土坯砖砌筑。

由于因地制宜、就地取材,西藏西部地区的佛塔采用该种砌筑方式的较多,如前文所述寺庙周边分布的成排的塔墙,其中的小塔即为土塔,其中还掺杂着石块,现已损毁,多数只余"塔堆"(图 5-16)。

(2)石塔

这类佛塔又可细分为两类:一是用整石雕砌的;一是用泥土黏合片石垒砌而成。

(3)金属塔

这类佛塔由工匠用铜皮等金属打造,并在外表镀银或镏金,还会镶嵌宝石等,一般用于供奉活佛、高僧的灵骨,安放于寺庙的殿堂内。现在,西藏西部地区的佛殿内几乎都能看到金属塔。

5.4.3 藏式佛塔的组成

藏式佛塔主要由塔刹、塔身及塔基构成。不同时期、不同地区的藏式佛塔不尽相同,但其基本构成是一致的,只是各部分的形状及尺寸稍有区别。

塔基是塔的基础部分,塔身安放在塔基之上,是佛塔的主体部分,塔刹主要由象征修成正果的十三个阶段的十三天极与刹顶组成。

塔基平面一般为方形或象征坛城的十字形,最简单的形式是一个方台,后建成或收进、或凸出的层级。塔身由最初印度式的半球体发展到较修长的覆钟、覆钵形,像是瓶子的形状,因此又称为"塔瓶"。塔顶早期用宝珠,格鲁派佛塔用日月。

5.4.4 西藏西部地区的佛塔

如上文所述,西藏西部地区佛塔的基本形式与八相塔相同,材料则是就地取材,用当地的土制成土坯砖,继而垒砌成塔,体现了地域特色。

1. 实例——穹窿银城佛塔遗址

在距离噶尔门士乡的古入江寺很近的地方,有一片由洞窟、碉堡、防护墙等组成的大型遗址——穹窿银城遗址,据说是象雄王国的都城。如前文所述,"穹窿"一词是对象雄文中

图 5-17　塔群
图片来源:笔者拍摄

"象雄"的藏文翻译,因此,穹窿很可能是象雄的中心地带。考古工作者在这里发现了古老的青铜神像等遗迹,可能与象雄时期的本教有着密切的联系。

随着佛教在西藏西部地区的盛行,这样一处大规模的人口聚集地,很容易受到了佛教信徒的关注。笔者调研时,在遗址的山脚下发现了大大小小的佛塔组成的塔群(图 5-17),有的几个为一组,有的独立设置。较大的佛塔塔基高约 2 米,边长约 4 米。各塔身有残留的红色,均使用土坯砖砌筑,各部分残缺不全,依稀能分辨出的样式有吉祥多门塔。

2. 特点

(1)土坯砖塔

西藏西部地区民众利用当地的土做成规格大小相当的土坯砖块,砌塔时,塔基底部往往先垫石块,其上垒土坯砖,每 2~4 层不等的土坯砖间用片石间隔、固定。笔者在该地区各处宗教遗址内发现的佛塔大都采用这种方式垒砌,如玛那寺、托林寺的佛塔(图 5-18)。

(2)塔室

有些塔基内隔有若干小室,之间用土坯砖垒砌的墙体分隔,每间小室内均供奉经书、擦擦等佛教用品,此种形式的佛塔可能年代较早。如托林寺周边遗址内的佛塔(图 5-19a、图 5-19b),由于尺寸较小以及担心损坏内部佛教用品,笔者未进入,但从洞口处观察,塔基内部大概分隔了 9 个格子,类似九宫格的样式。各小室之间均用土坯砖砌筑的墙体简单间隔,内部的经书及擦擦暴露在外,各小室的规模相近。

有些资料显示,西藏西部地区有的佛塔塔基内部绘有壁画,但笔者在调研的过程中未能见到。

图 5-18　托林寺塔
图片来源:笔者拍摄

图 5-19a　托林寺遗址塔室
图片来源:笔者拍摄

图 5-19b　托林寺遗址塔室
图片来源:笔者拍摄

（3）塔基雕刻装饰

西藏西部地区佛塔的塔基多为方形、"亚"字形（图 5-20），塔基上装饰精美的雕刻，正面一般为海螺、狮子等吉祥图案，转角处一般雕刻一束忍冬草（图 5-21）。穹窿银城的佛塔基座正面中央位置雕刻有柱式，柱头好似希腊科林斯式的花篮样式，柱身上大下小，与中亚古代柱式相似。

（4）塔墙

西藏西部地区的很多寺庙设置由 108 座小佛塔密集地排列成排的塔墙，如托林寺、札布让寺、东嘎扎西曲林寺等寺庙周边均有塔墙，托林寺的塔墙位于象泉河河畔，札布

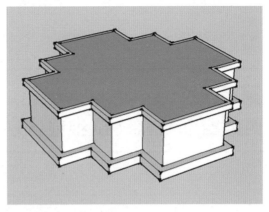

图 5-20 亚字形塔基模型
图片来源：笔者绘制

让寺的塔墙位于佛殿北面约 200 米的位置，扎西曲林寺的塔墙位于山脚的河谷谷地。

108 是佛教中的一个圣数，在古印度，传说人有 108 种烦恼，念 108 遍经即可去除烦恼，达到圆满，因此，108 这个数字在佛教中出现得很频繁，例如佛珠为 108 颗。108 座小塔排成的塔墙也代表着圆满。据文物局介绍，这些佛塔可能由不同地方的高僧前来修建。这些塔墙好似寺庙的守护墙，有一定辟邪、防护的作用。

图 5-21 塔基雕刻
图片来源：笔者拍摄

第6章
西藏西部与喜马拉雅地区宗教文化的交流

建筑体现着人类的创造力,是人类文明的重要组成部分,它记录着人类发展的脚步。而宗教是人类社会发展到一定阶段出现的一种文化现象,是传统文化的重要组成部分。宗教的出现催生了大批宗教建筑的产生,宗教的发展也保证了宗教建筑的传承。不同地区的宗教建筑既承载着宗教文化,也与地区文化息息相关。本章以西藏西部地区为研究对象,分析该地区与其所处的喜马拉雅区域之间宗教文化方面的相互影响、相互交流。

6.1 宗教文化的吸收、融合与传播

不同的民族、地区有着自己独特的文化,总体来说由饮食、衣着、住宅、生产工具构成的物质文化,及语言、文字、艺术、哲学、宗教、风俗等构成的精神文化所共同组成。宗教是精神文化的重要组成部分,是一种以信仰为核心的文化形式,影响着人类的思想意识,甚至生活习惯等。

宗教由来已久,从远古时期的图腾崇拜,发展到现在具有严格的宗教仪式、严密的教义教规和组织制度、相对固定的宗教场所,宗教随着人类社会的发展而发展。在发展的过程中,宗教吸收着人类的各种思想文化,并且与绘画、音乐、建筑等相互渗透、相互影响,形成独特的宗教文化。

如前文所述,西藏西部地区历史悠久,见诸史籍的始于象雄时代,国内外众多学者对象雄文化的评价很高,例如有些学者认为,藏文是在象雄文的基础上借鉴了克什米尔及印度的文字进而创造出来的。藏族的原始宗教——本教便产生于该地区的象雄时代,是象雄文化的重要组成部分,并向象雄周边地区传播开来,其在语言、医学、星相、占卜等方面的成就也对周边地区或民族的文化产生了多方面的影响。同样,自古以来,西藏西部周边地区的不同文化亦一直向该地区渗透,这是一个不同文化相互融合的过程,宗教文化便是其中一种。

6.1.1 本教与佛教文化

1. 本教文化的传播

1) 象雄与周边地区文化交流的途径

在通讯、交通都不发达的时代,往来于古道上的商队是促成文化传播的一个重要途径,其中也不乏工匠、艺术家、朝圣者等角色。

古象雄并非偏僻封闭的地区,地处印度、尼泊尔、于阗、雅砻等地的交界地,连接着各地的交通往来,相当发达。据说,象雄依靠喜马拉雅山与冈底斯山之间开阔的绿色走廊,以及南部的孔雀河、西部的象泉河,开通了三条与外部世界交往的通道。据藏学专家研究得知,古象雄盛产食盐、黄金、麝香,与北面的葱岭、于阗,西面的印度、尼泊尔,东面的雅砻等周边地区的贸易、文化交流较为频繁

2) 本教文化的传播范围

如前文所述,被佛教信徒、印度教信徒及本教信徒认定为世界中心的冈仁波齐峰在象雄境内,每年都有众多的信徒从四面八方前来转山参拜,在佛教信徒、印度教信徒及本教信徒的心里,冈仁波齐峰是世界的中心,是精神的中心,是宗教的中心及发源地。

象雄时期的本教对西藏及其周边地区都产生了深远的影响,对后期藏传佛教的形成亦有较大的影响。第十世班禅确吉坚赞讲道:"本教文化是藏地土生土长的教育文化,它包括医学、天文、地理、占卦、历算、因明、哲学与宗教等。"

每种文化发展强大以后都会向周边地区传播,扩大影响范围。本教以象雄为中心向周边传播,更确切的说法可能是以象雄的冈仁波齐峰为中心向周边传播,冈仁波齐峰自然成为本教文化的中心。本教有六位翻译大师,分别来自大食、象雄、松巴、天竺、汉域及绰木,这六位大译师对本教在自己家乡的传播起到了促进作用,因此,以冈仁波齐峰为中心向周边扩散的本教文化圈的传播范围很广。虽然,象雄最终被建立在拉萨的吐蕃政权所灭,但象雄以及本教文化依旧在吐蕃社会中形成了一种潜在的影响。

象雄与周边地区进行通商贸易等活动的过程,亦是吸收外来文化并将本土文化向周边渗透的过程,象雄文化对其周边地区产生了深远的影响,亦对外来文化具有很强的包容性。

2. 佛教文化的传播

佛教起源于公元前 6 世纪的古印度,佛教的创始人释迦牟尼诞生于今印度、尼泊尔交界的边境地带——蓝毗尼。在古印度孔雀王朝时期(约公元前 324—公元前 185 年),佛教被定为印度的国教,因为当时印度海上交通比较发达,对外关系活跃,佛教便逐渐向亚洲各国传播,形成了一个巨大的以蓝毗尼为中心向外扩散的佛教文化圈。

据说,公元前 2—公元 1 世纪左右,印度就已经开通了与中国之间的航道,可能佛教在那时就已随航队向航线周边的地区进行传播了。陆路商道的开通时间也比较早,其中著名的丝绸之路就是由西汉的张骞开辟,从长安(今西安)到于阗,唐朝将路线继续向西延伸,一直到中亚、西亚。这条商道为佛教的传播提供了便利,向印度北面传播的佛教,经巴基斯坦,沿丝绸之路,进入我们的新疆地区,一直传到甘肃、河南一带。佛教亦向东南亚地区传播。唐朝吸收佛教文化后,继续将佛教文化向其他地区传播,使佛教文化圈进一步扩大。尼泊尔、巴基斯坦等国与印度接壤,亦较早地接受佛教文化,并继续将其向周边地区传播。

3. 本教与佛教文化共存

由于巴基斯坦的拉达克地区曾属于古象雄,象雄自古便与印度、尼泊尔等地有通道相连,并且象雄一直与丝绸之路上的于阗联系频繁,因此,笔者认为,象雄可能比吐蕃更早地引入了佛教,只是在佛教最初传入的时候,并未与当时盛行的本教发生对抗。

笔者推测,随着吐蕃王朝的兴盛,许多本教徒进入吐蕃,保持着与吐蕃王室的密切关系,依靠政治力量扩大新的宗教势力,这也使得佛教与本教在象雄地区得以共存,也反映出象雄对外来宗教文化的接纳和包容。

直至松赞干布时期,发展迅速的吐蕃王室开始倡导佛教,使得本教徒们意识到了佛教文化对自身宗教势力的威胁,开始了越演越烈的两种教派之间的宗教对抗,这是两种信仰间的对抗,是外来宗教文化与本土宗教文化间的对抗。

本教依靠在西藏地区深厚广泛的民众及社会基础,取得了对抗初期的胜利。佛教在西藏的发展受到了本教的压制,这个时期建立的佛教寺庙带有某些本教的元素,以求得与本教的共存。例如,拉萨著名的大昭寺,藏语全称"惹萨垂朗祖拉康",意为"山羊驮土神变经堂"。有这样的藏族传说:文成公主推算出只有用白山羊驮土,才能填平卧塘湖,大昭寺才能修建完成。建大昭寺为什么偏偏用山羊,而非牦牛?推测当时佛教为求得与本教的共处,将一些本教元素运用到佛教建筑中,本教徒认为山羊是一种很有灵性的、吉祥的动物,大昭寺便选用山羊来填湖造寺,以减少本教徒对该寺庙的敌意。大昭寺建立之初,还在该寺庙的门上画本教的"卍"及方格符号,都是为了不与本教冲突。

4. 佛教文化的再度传入

或许,任何一种文化的传播过程都是复杂和漫长的。在经历了与本教长期的对抗、被本教信徒赶出吐蕃腹地的佛教势力,最终,又得到了统治者的支持,再度传入西藏。本教的发源地——古象雄,成了佛教在西藏地区再度发展的重要地点。

如前文所述,象雄疆域后期被分为三个部分,即阿里三围,每个部分又衍生出不同的王朝,其中的拉达克王朝逐渐分离了,阿里三围时期的疆域范围比象雄强盛时期的疆域已然缩小。札达的古格王国发展壮大,日益强盛,逐渐吞并了周边的王国,这一时期的古格文化占主导地位。

古格时期是佛教在西藏大规模复兴发展的时期,古格的多位国王均大力倡导佛教,从印度、尼泊尔等地迎请多位高僧大德,为佛教在古格的发展打下了很好的基础,佛教文化在古格文化中占据了很重要的位置。

佛教的传播需要兴建佛教寺庙和供奉佛像,仅从印度、尼泊尔引进的佛教用品已无法满足众多寺庙的要求,古格人民开始自己铸造佛像、印制经文。据史籍记载,古格的大译师仁钦桑布曾从克什米尔请来了32位艺术家及工匠,古格早期佛教艺术深受克什米尔艺术风格的影响,而仁钦桑布的故乡——鲁巴村成了当时古格重要的造像基地。大力发展佛教的同时,也带动了经济与文化的发展。

此时的佛教文化发展迅猛,有王室的支持,有广泛的民众基础,有当地人建造的佛教建筑,以及制造的佛像、经文等佛教用品,佛教已被藏族民众所接纳。佛教再次传入西藏,在西藏西部地区获得了大规模的发展后,继而又向周边地区渗透、扩散。

6.1.2 佛教的西藏本土化——藏传佛教

1. 藏传佛教文化的产生

佛教作为一种外来传入西藏的宗教,要取得在西藏地区稳定、永久的发展,需要与西藏传统文化相融合,经历一个本土化、民族化的过程。佛教传入西藏后,经过长期与本教的斗争与相互融合,最终形成了具有西藏本土特色的佛教——藏传佛教,对西藏人民的政治、经济及生活习俗都产生了极为深刻的影响。

藏传佛教又称藏语系佛教或喇嘛教,与汉语系佛教、巴利语系佛教并称为世界佛教三大体系。藏传佛教在基本教义方面与其他语系佛教有许多共同点,不同的是藏传佛教是大乘显密宗佛教,是显宗菩萨乘和密宗金刚乘合二为一的教派,并在漫长的发展过程中融入了浓厚的西藏文化,形成了具有独特地方特色的藏传佛教,如活佛转世制度以及跳神等宗教活动仪式都是其独有的。佛教在藏地的传播并非原封不动地植入,藏民族在接受佛教的同时,将自身传统文化及宗教信仰的元素与佛教相互融合,最终形成了具有本土文化特点的藏传佛教体系。

随着佛教与本教文化的不断磨合,以及佛教藏族化程度的加深,佛教信仰逐渐渗透到藏族人民的生产生活、理想信念、思维模式、价值观念、道德规范、性格习俗及行为方式等各方面的深层结构中,成为藏族人的精神文化的一部分。它同时又影响着藏族文学、教育、天文、医学、美术、音乐、诗歌、建筑等,渗透到了藏族文化的方方面面。

2. 藏传佛教文化的传播

西藏西部地区在地理位置上与印度、尼泊尔这样的佛教大国毗邻,藏传佛教后弘期时,借助时机的成熟及地理位置的便利,印度等地的许多高僧大德前来该地区讲经传法,加之该地区多位封建领主对佛教活动的支持,佛教在该地区很好地与当地文化融合,促成了藏传佛教的发展与传播。而此时,先前佛教文化发达的印度、巴基斯坦等地受到了伊斯兰教文化的渗透,佛教的势力反而被削弱了。

西藏西部地区是藏传佛教后弘期弘法的重要地点,藏传佛教在该地区的发展态势十分强盛。每一种文化发展到一定程度时,都会向其周边传播,强势的文化会对其周边的文化产生影响,于是,西藏西部地区的藏传佛教文化向其东面的西藏腹地及西面的巴基斯坦、尼泊尔、不丹等地分别传播开来。巴基斯坦、尼泊尔、不丹等地在受到来自西方的伊斯兰教渗透的同时,亦受到了来自东面的西藏西部地区传播的藏传佛教文化的影响。如前文所述,帕竹噶举派的寺庙亦遍布尼泊尔、不丹。

3. 藏传佛教文化圈

佛教在经历了与本教的斗争后,经西藏西部地区发起的"上路弘传"以及西藏东部发起的"下路弘传"的弘法,与西藏的本土文化深度地融合,获得了众多西藏民众的接纳,产生了具有西藏文化特点的藏传佛教。

西藏化了的佛教——藏传佛教能够适应西藏的社会现实,取得了统治阶级与广大民众的支持。西藏人已经可以独立建立越来越多的、越来越宏伟的寺庙建筑,独立翻译佛教经典、制造佛教用品,藏传佛教已然成为西藏人特有的宗教文化。尤其到了格鲁派兴起之后,藏传佛教的势力空前壮大,范围遍布整个西藏地区,并以西藏为中心继续向外传播扩散,形成藏传佛教文化圈。

6.2　喜马拉雅区域文化

喜马拉雅山脉海拔高,生活环境较恶劣,资源较匮乏,生活在喜马拉雅山脉的各个山谷里的人们善于高海拔的活动,且没有因为高山阻断了彼此的联系与交流。从古至今,这些地方的人们就在相似的自然地理环境下生活着,维持着相似的生活习惯及语言习俗,并且一直进行着经济、文化、宗教等方面的交流,衍生出富有特色的喜马拉雅区域文化。

西藏西部地区与喜马拉雅区域内的其他国家或地区的各种交流一直较为频繁,文化方面亦在一定程度上吸收了该区域的文化元素,是喜马拉雅区域文化的一部分,因此,该节主要阐述喜马拉雅区域文化。

6.2.1 区域概况

如前文所述,喜马拉雅山脉处于青藏高原的西南边缘,这座目前世界海拔最高的山脉,在地理上形成了一个天然屏障,分隔着古象雄、古印度、勃律(巴尔蒂斯坦、吉尔吉特)、泥婆罗(尼泊尔)等地区及国家,同时又通过许多山口形成的交通要道沟通"屏障"的南北区域,上文所述本教的发源地——冈底斯山、佛教的发源地——蓝毗尼分布在喜马拉雅山脉的东西两侧。

生活在喜马拉雅山脉的人们在大大小小的山谷地带繁衍生息,发展成今天的中国西藏的阿里地区、印度、巴基斯坦、阿富汗、塔吉克斯坦、吉尔吉斯斯坦、尼泊尔、不丹等地区和国家。

6.2.2 区域联系

包括西藏西部地区在内的喜马拉雅周边的国家及地区是青藏高原上海拔最高的部分,这些地方的人们在生产技能、语言符号、宗教信仰、生活习俗、规范体系等物质及精神方面具有相近的文化要素,衍生出富有特色的喜马拉雅文化圈,本教及佛教便诞生在这样的区域内。

喜马拉雅周边各地区一直保持着经济、文化、宗教,甚至政治等方面的联系,使得该区域各地区之间有着千丝万缕的关系。

1. 政治联系

由于历史及政治原因,该地区一些国家的领土及主权出现过多次变更,甚至至今仍未明确。

如前文所述,强盛的古象雄在喜马拉雅山脉地区占有辽阔的疆域,西边包括了喜马拉雅山附近的中亚部分地区,即象雄时期的巴拉帝、大小勃律,今天的巴基斯坦境内印度河流域、巴基斯坦控制的克什米尔地区及拉达克地区。拉达克与阿里的联系尤其深远,曾属于阿里三围的其中一个王朝,也曾归属于唐朝及吐蕃,曾因外敌入侵,而向西藏地方政府求援,也曾出兵占领了古格王国。位于巴基斯坦控制的克什米尔北部的巴尔蒂斯坦、木斯塘都曾归属于吐蕃王朝,而普兰也曾属木斯塘管辖。

可见,该区域内的一些国家在历史上与象雄或吐蕃有过政治上的归属关系,有着一定程度上的政治联系。

2. 军事联系

喜马拉雅山脉附近地区的人们,由于争夺物资、占领交通要道等种种原因,发生过数次的战争,大多难敌象雄或吐蕃强势的军队力量,因此,在象雄或吐蕃管辖、派兵进驻拉达克、巴尔蒂斯坦、不丹等地的时候,有大量藏族群众随军涌入这些地区,并且很可能在战争结束后,仍旧留在当地,与当地居民生活在一起。

随着象雄及吐蕃王室的衰落,有更加强大的外敌通过拉达克、吉尔吉特等地穿越喜马拉雅山入侵西藏地区。例如 1841—1842 年,发生了查谟—克什米尔军队通过拉达克入侵西藏西部的战争,即森巴战争。这场战争的爆发,使一部分拉达克人留在了如今的西藏西部,也使得一些西藏民众被奴役而远离家乡。

3. 经济联系

如前文所述,历史悠久的丝绸之路经甘肃的张掖、武威、敦煌等地,到达新疆,然后分为天山南北两路,到中亚、西亚,经商之人运送着一批批的商品往来于东西方之间。商道的开通,为其沿途地点带来了经济的繁荣,形成了许多贸易市场。拉达克、克什米尔的吉尔吉特都位于丝绸之路上,东西方的商人在这些地方交易茶叶、丝绸、马匹等物品。

还有一条与丝绸之路平行的"麝香之路",大约形成于公元 1 世纪左右,连接西亚及中国的阿里、拉萨与昌都,据说,当时的罗马帝国通过这条道路购买西藏盛产的麝香,该要道也由此得名。该要道在西藏境内的路线大致是从今天的昌都丁青县经拉萨、日喀则,到西藏西部地区的普兰县,然后分为南北两个方向,向北的商道经日土到达拉达克、吉尔吉特等地,与丝绸之路汇合,向南的商道直接越过普兰南面的山口到达印度、尼泊尔。

由此可见,喜马拉雅地区是东西方之间的连接地带,是众多商人及商品的集汇地,是东西方经济的连接枢纽。该地区的普兰、日土、列城、吉尔吉特等地形成了贸易市场,吸引着周边地区的民众前来,加强了地区间的经济联系。

4. 宗教联系

本教以冈底斯山为中心向周边传播,佛教以蓝毗尼为中心向外扩散,这两个教派均产生于喜马拉雅周边地区,上文所述吉尔吉斯斯坦、拉达克、尼泊尔、不丹等地便位于两大宗教文化圈的交接地带,受到两种宗教文化的强烈影响。

象雄的本教形成时期较早,影响范围较广泛,包括属于象雄的拉达克地区,还有一些中亚地区。佛教产生后迅速向周围扩散,因喜马拉雅地区的人们有着相近的生活习俗,很快地接受了佛教,例如,尼泊尔、克什米尔等地的人们均成为佛教的信徒,并将佛教继续向其他地区传播。

在佛教衰落、藏传佛教发展成熟后,藏传佛教开始向其他地区渗透。喜马拉雅地区紧邻西藏的西南部,直接受到了藏传佛教的影响,该地区的人们接纳了藏传佛教。公元 15 世纪以后,格鲁派在西藏境内的势力越发强盛,藏传佛教其他各教派为了寻求新的发展空间,亦选择到西藏周边地区宣扬教法,分支最多的噶举派便在拉达克、不丹、尼泊尔等地建立了许多寺庙,且产生了巨大的宗教影响力,至今,不丹仍将噶举派奉为国教。

喜马拉雅各地区接受了藏传佛教不同分支教派的教义以后,形成了不同的教派势力范围,反之,各地区又通过与西藏西部地区之间的政治、军事联系,使得该地区的一些寺庙教派发生了改变。例如,前文所述普兰县科迦寺,曾在公元 15 世纪左右受制于喜马拉雅地区的木斯塘王,而木斯塘王信仰萨迦派,因此,科迦寺也从噶举派改宗为萨迦派直至今日。

5. 民族联系

如前文所述,由于政治、战争、贸易等活动,大量的藏族群众从西藏地区涌入到喜马拉雅山脉的其他地区生活,或与当地人联姻繁衍后代。还有一些藏族群众因为放牧等原因,向喜马拉雅西部等地进行了迁徙。因此,喜马拉雅山脉除西藏以外的地区亦有许多藏族群众定居,其甚至占有了较大的社会人口比例,例如,今日的不丹仍有约一半人口属于藏族,木斯塘人也多数为藏族,这些人将藏族文化带到当地日常生活的方方面面。

6. 文化联系

喜马拉雅地区之间有着频繁的政治、军事、经济、宗教等方面的联系,自然带来了文化上的交流。

综上所述,喜马拉雅地区在相近的自然地理环境下,催生出相近的文化,形成该地区的区域文化。笔者在下文中,主要根据本书的研究方向,讨论喜马拉雅区域文化中的宗教艺术文化。

6.2.3 区域的宗教艺术

宗教艺术主要为宣扬宗教教义的造像、壁画等艺术形式。

佛教自印度起源后,便逐渐向周边地区传播,亦将与佛教相关的佛教艺术渗透至其他地区,包括喜马拉雅山脉的周边地区。喜马拉雅山脉周边地区先后在不同地点兴起了几种佛教艺术形式,每种形式都是宗教艺术与地域艺术的结合,并都对西藏西部地区的宗教艺术产生了深远的影响,笔者将喜马拉雅山脉周边著名的几处佛教艺术圈归纳如下。

1. 犍陀罗艺术

佛教产生后,经历了几个世纪的时间,才诞生了佛教艺术。在印度早期的佛教艺术中,并无佛本身的造像形象,而用一些特定物象来象征,例如用菩提树象征佛的成道,用塔象征佛的涅槃,用足印象征佛去过的地方。随着信徒对佛像崇拜的加深,对佛像造像的需求更加强烈了,遂逐渐产生佛像的创作。

考古学家在古印度西北地区的犍陀罗(现巴基斯坦东北部、阿富汗东南部及克什米尔范围)发现了早期的佛像,该地区属于贵霜帝国时期拉达克地区,大约兴起于公元1世纪,公元5世纪开始衰落。这个时期的佛教艺术受到了外来希腊文化的影响,又称"希腊化的佛教艺术"。该种佛教艺术形式对其周边地区的佛教艺术发展均产生了重大的影响。

犍陀罗佛像的眼睛半闭,神情安详,身披袈裟,袈裟褶皱厚重,脸型较椭圆,发型为希腊式的波浪发卷(图6-1)。佛像的莲花座采用宽大扁平的莲瓣样式。

伴随着佛教的传播与发展,在古印度的不同地区及其周边国家相继产生了佛像雕刻及绘画的艺术中心,不同地区的工匠在保留佛教艺术传入形式的基础上,根据自身的审美要求加入了一些具有地域特点的元素,使佛教艺术呈现出不同的风貌。

2. 秣菟罗艺术

位于古印度中部的秣菟罗地区(大约位于现印度首都新德里南部约150公里处)是除犍陀罗以外印度最早的佛陀造像中心。该地区亦处于贵霜帝国范围内,在佛教兴起之前,为印度教及耆那教制作雕像,可见,其雕刻历史之悠久。

图6-1 犍陀罗佛像
图片来源:百度图片

秣菟罗艺术有贵霜时代及笈多时代之分,不同时期呈现出的艺术风格有所不同。贵霜王朝时期,秣菟罗地区的造像风格受到犍陀罗风格的影响,也表现出希腊式的特点,但该地区地处犍陀罗以南,气候较炎热,衣着较单薄,因此,佛像的袈裟较犍陀罗造像薄透。公元4世纪左右,印度各地区逐渐进入笈多王朝时期,贵霜帝国于公元5世纪灭亡。笈多时代的秣菟罗造像将希腊元素与印度本土特点很好地融合在一起,建立了造像的准则,对各地的造像产生了极大的影响。

笈多时代秣菟罗工匠们制造的佛像造像表现出了明显的印度民族特点,佛像面颊圆润,嘴唇变厚,眼帘更加低垂,眉间有白毫①,发型由希腊式的波浪发卷变为螺纹发卷,腰腿粗壮。佛像的袈裟较为轻薄贴身,显露出佛像健壮的身体,且佛像的背光②变得更加硕大及精美。

秣菟罗与犍陀罗风格截然不同,秣菟罗艺术将犍陀罗时期的佛像更加印度化,完成了佛像从希腊式到印度式的过渡,是印度文化与外来文化完美融合的体现。

图 6-2　萨尔纳特佛像
图片来源:百度图片

3. 萨尔纳特艺术

萨尔纳特是笈多时代的另一处造像中心,位于中印度,大约兴起于公元 5 世纪。其艺术形式与秣菟罗较为相似,不同之处是佛像的衣着更加薄透贴身,几乎透明而没有一丝衣纹,仅在领口、袖口及下摆处雕琢几丝纹路(图 6-2)。线条纤细,这也是萨尔纳特艺术的独特之处。佛像的脖颈处多雕刻三道吉祥纹。萨尔纳特艺术也在印度、尼泊尔等地延续着。

4. 克什米尔艺术

克什米尔处于犍陀罗艺术的影响圈内,克什米尔艺术是多种文化与艺术相混合的形式。公元 7 世纪以后,克什米尔艺术展现出了独特的魅力,吸收了犍陀罗与笈多造像的手法。克什米尔佛教造像双目平直,眼大无神,形同鱼肚,眉似弯月,大耳垂肩。佛像着通肩或袒右肩袈裟,菩萨袒上身,下着薄裙,领口、袖口、小腿部分刻画纹路,四肢较健壮。佛像眼睛一般嵌银,后来西藏西部地区流传的"古格银眼"便是受到这种风格的影响。佛像台座多为雕刻狮子及力士或夜叉的矩形台,莲花台较少,莲瓣形状宽大、扁平、朴实无华,与犍陀罗时期的莲瓣形象相似。

公元 11 世纪以后的克什米尔艺术形式发生了一定的变化,造像的躯体更加修长,腰部较细,乳房隆起,凸显女性特征,并且开始追求肌肉组织的表现,腹部肌肉凸起,这种表现手法可能是受到了早期犍陀罗艺术的影响。

5. 波罗艺术

公元 8 世纪末至 9 世纪初,印度东部的孟加拉一带兴起的波罗王朝发展迅速,历代国王普遍信奉并积极推广佛教,这里的佛教艺术还逐渐扩展到了周边的中国西藏、尼泊尔以及东南亚各国。直至公元 12 世纪,波罗王朝被信奉伊斯兰教的色纳王朝所灭,佛教僧侣从印度本土躲避到尼泊尔、中国西藏等地,波罗王朝的佛教艺术亦被停止,转而由僧侣带至境外其他地方发展。

波罗艺术风格的佛像身材修长,比例较好。菩萨一般头戴尖顶的三角形头冠,后梳高发髻。波罗艺术风格的构图具有如下特点:画面中央为主尊佛像,体量较大,佛像顶部与左右两侧被分隔成若干小方格,下部有时不分格,每个方格绘制不同的佛像,并各有头光及台座,互不相连。主尊佛像两侧一般伴有胁侍菩萨,体量略小,其风格十分相似,一般胁侍菩萨的面孔、胯部、双脚都朝向主尊佛像,身体呈现"S"形曲线。

该小节主要阐述的是喜马拉雅周边地区的佛教艺术形式及其产生的地点,由于历史及

---

① 白毫:佛三十二相之一,位于印堂中心。
② 背光:佛像头部、背后的屏风状饰物,表现佛光普照四方。

政治原因,许多国家的疆域范围都发生过变化,因此,这些艺术形式产生地并不局限于某个国家的范围之内。不同的佛教艺术形式产生后,均向其周边进行辐射,对周边的佛教艺术产生引导作用,反之,周边的艺术形式对其进行模仿或改良,逐渐形成了各具特色的艺术圈。上文所述五种喜马拉雅地区的佛教艺术形式,亦是五个时间上略有先后、地理区位相近的艺术文化圈。

这五个文化圈位于古印度的不同地区,中国西藏西部地区在地理位置上与古印度中北部、尼泊尔这样的佛教大国同属于喜马拉雅山脉范围,其间的贸易往来与文化交流自古比较频繁,在佛教艺术方面自然亦受到前文所述的佛教艺术圈的影响。这种影响在藏传佛教形成初期更加明显,虽然,由于历史久远、自然环境较恶劣等原因,现今西藏西部地区的许多宗教遗存已受损,但我们仍然可以从中发现外来佛教艺术文化的痕迹,笔者将于下文进行阐述分析。

第7章
西藏西部地区宗教建筑的特点及发展

西藏西部地区位于青藏高原西部,紧邻喜马拉雅山脉,其历史上的疆域范围曾经包含了西藏的大部分地区及喜马拉雅山脉的部分地区,在广泛的地域留下了阿里的古老文明,同时也吸收、包容着多个交界地带的文化元素。作为藏传佛教后弘期上路弘传的重要发源地,对该地区宗教建筑的研究就显得尤为重要。

宗教建筑在不同的历史阶段会呈现不同的特征,笔者依据藏传佛教在西藏西部地区的发展传播过程、该地区的政治局面、该地区与周边地区(主要指喜马拉雅地区)之间的交流情况等因素,将公元10世纪后弘期开始至公元15世纪格鲁派的兴盛之间的时间分为以下三个阶段,分别总结分析该地区宗教建筑的特点。

7.1 公元10—11世纪初西藏西部宗教建筑特点

在经历了朗达玛灭佛、西藏社会动荡分裂的近百年时间以后,佛教于公元10世纪初开始在整个西藏地区大规模地、迅猛地发展壮大。尤其是公元10世纪末,西藏社会进入封建经济发展的时期,政治局面逐渐稳定,各地新兴的封建领主积极倡导佛教、振兴佛教。西藏各地出现大量受比丘戒的僧侣,佛教信徒数量剧增,佛教寺院也得到封建领主的经济支持而兴建。这个时期的寺庙多由施主——各地的封建领主把持,寺庙与各地的世俗势力相结合,取得经济资助,佛教活动比较分散,而该时期的本教势力逐渐衰落,本教徒退而转向西藏的边缘地区发展。由于朗达玛灭佛、吐蕃的佛教徒远走西藏西部地区避难,以及该地区紧挨佛教发源地等原因,西藏西部地区成为后弘期佛教发展的战略要地,分析总结原因主要有以下几点。

(1)外因:公元11世纪初喜马拉雅山脉地带的佛教国家受到伊斯兰教的入侵,克什米尔、印度、尼泊尔等地的高僧大德及工匠被迫离开本土,来到相邻的西藏西部继续发展佛教事业,从事译经、弘法以及宗教建筑的修建活动。

(2)内因:西藏西部的封建领主出于自身需求,希望借助佛教这一宗教信仰,加强他们的集权统治。

总之,公元10世纪至11世纪,即后弘期的早期是西藏西部地区历史上非常重要的一段时期,是佛教传播非常活跃的一段时期,此时藏传佛教各分支教派尚未形成,宗教建筑尚无教派之分。

这一时期,西藏西部地区与上文所述的喜马拉雅山脉的国家或地区联系频繁,文化交流活动较多,因此,比较分析这些佛教遗存,辨析不同的艺术风格形式,对研究西藏西部地区佛教建筑的发展有着重要的意义。

7.1.1 建筑基本情况

公元 10—11 世纪西藏西部各地区开始兴建佛教建筑,如前文所述,这个时期的寺庙主要包括札达县境内的托林寺旧址、格林塘寺遗址、玛那遗址、古格故城佛殿遗址、托林寺的迦萨殿及金殿、玛那寺的强巴佛殿、热布加林寺的朗扎拉康,普兰县境内科迦寺的百柱殿及觉康殿。同时期兴建的还有原属于阿里三围的拉达克地区的 Pathub、Alchi、Lamayuru,喜马偕尔邦的 Tabo 等寺庙。

这些寺庙的历史较久远,大都经历了重修、扩建等工程,或是已成废墟,但我们仍可以从其中发现一些重要的遗存,作为我们研究的依据,笔者将该地区该时期兴建寺庙的建筑基本情况汇总如下(表 7-1)。

表 7-1　后弘期早期西藏西部地区寺庙建筑基本情况

寺庙名称	佛殿名称	年代(公元)	平面形制	朝向	托木	壁画	转经道
托林寺及周边佛殿旧址	上部佛殿	996	十字形 ✛	东	—	难辨识	—
	中部佛殿		凸字形、正方形	东	—	难辨识	—
	下部佛殿		凸字形	东	—	难辨识	—
格林塘寺遗址	—	996	小室围绕中心佛殿	东	—	—	—
玛那遗址	—	996	凸字形、方形	东	—	难辨识	—
古格故城佛殿遗址	—	10—11 世纪	方形围绕小室	东	—	—	—
托林寺	迦萨殿	10 世纪	亚字形 ✛	东	单/双层	难辨识	有
	金殿		凸字形	东	双层十字	曼陀罗	有
科迦寺	百柱殿	10 世纪	十字形 ✛	东	单层	—	有
	觉康殿		十字形 ✛	北	单/双层	佛像	有
玛那寺	强巴殿	11 世纪	凸字形	东	单层	—	无
热布加林	朗扎拉康	11 世纪	凸字形	南	—	—	—
Tabo	杜康殿	996	矩形	东	—	题记	有

然而,由于木质构件不易保存,该时期宗教建筑的托木、梁柱等木构件大都经历了修复或替换,因此,首先着重从建筑的选址、布局、与周边建筑的组织关系、平面形式等方面来分析其建筑形制的特点,其次再列举这些宗教建筑装饰方面的特点,及其与其他地区宗教艺术的关联。

7.1.2 建筑形制

1. 寺庙的主要功能

西藏西部地区在该时期建立的寺庙大多分布在古格王国的管辖范围内,得到了古格国王的支持,许多寺庙由古格国王直接委任大译师仁钦桑布所建,可见当时佛教寺庙在该地区的受重视程度。

1) 主要为王室服务

该时期寺庙佛殿的规模并不大,无法容纳众多的僧众集会,且靠近统治阶级的城堡而建。笔者推断,该时期的宗教建筑可能大多是为王室服务的,只供奉数量不多的佛像、佛经等佛教用品,而寺庙的高辈分的高僧很可能就代替了先前吐蕃王室身边的“古辛”或“拉辛”之职,开始参与政治决策。据记载,古格国王松艾出家后,便师从仁钦桑布,取拉喇嘛·益西沃的法名,可见,仁钦桑布便是古格国王的上师,与本教徒曾是吐蕃赞普的上师——“拉辛”之意义等同。

2) 尚无明显的教派之分

该时期的寺庙很可能主要为王室念经祈福或为王室提供一处潜心礼佛的修炼场所之用,这也表明,该时期的寺庙教派并不明显。藏传佛教各教派除宁玛派的产生时间可能较早以外,其他各教派创立的时间应该在公元 11 世纪以后,因此,该时期的宗教建筑尚无明显的教派之分,只是属于佛教的宗教建筑。

2. 寺庙的选址与分布特点

公元 10—11 世纪,是佛教在西藏西部地区蓬勃发展的时期,统治者大力倡导佛教,民众教徒的数量开始增加,各地区均在王室的号召、带领下营建寺庙。宗教文化为了在一个地区获得稳定的发展,需要取得统治阶级的支持,还要具备广泛的社会民众基础,因此,宗教建筑的选址对其发展尤为重要。笔者根据前文所述该时期建立的寺庙位置来分析该地区寺庙的选址、分布情况。

1) 河谷地带

平原、河谷、山谷地带水源充足、阳光充足、植被较多、气候宜人,一直是农业比较发达、经济基础较好的地区,同时也是人口聚集的地带。

如前文所述的托林寺旧址、玛那寺旧址,以及格林塘寺的佛殿遗址,这些建立年代较早的甚至可能在后弘期之前的宗教建筑,均分布在水源充足、气候较为宜人的札达县境内的象泉河畔,隶属于古格王国的管辖范围,这些地方是气候较恶劣的高原地区当中比较适宜居住的地带,是土林中的绿洲。

比上述佛殿遗址兴建时间可能略晚的托林寺、科迦寺、玛那寺、热布加林寺、古格故城的佛殿同样分布在象泉河及其支流的河谷地带,科迦寺位于普兰县境内的孔雀河畔。

在这样的地理位置上兴建寺庙,可以给僧侣提供一个较好的礼佛的环境,也能解决其生活方面的需求。

2) 靠近权力机构或村落

(1) 选择人口聚集地

该时期的宗教建筑在王室的支持下兴建,在为王室提供服务的同时,也向民众弘法。寺庙选址在象泉河、孔雀河畔,并且选择靠近前文所述四大宗堡及村庄的位置。札布让、皮央、东嘎、玛那村等地均能满足弘扬佛教的要求,成为建立寺庙首先选择的地点。

古格的国王推崇佛教,且国力强盛,其境内的寺庙建立年代最早、数量最多。大译师仁钦桑布在古格国王的支持下,在西藏西部地区多地选址建寺,包括托林寺、科迦寺、玛那寺等寺庙的建立,均与仁钦桑布有一定的联系。可见,仁钦桑布对后弘期佛教在该地区的发展起到了巨大的推动作用,而且该时期的古格王国的势力越发强盛,对普兰王朝、拉达克王朝境内寺庙的兴建都具有一定的影响力。

(2) 形成分散的佛教中心

仁钦桑布所建立的这些寺庙从古格都城札布让开始,沿河谷地带向边缘扩散,每个建寺地点又选择与当地的统治阶层及人口聚集地结合在一起。如前文所述,札布让、玛那、皮央等地均是当时人口聚集的地点,洞穴也较为集中,寺庙在这些地区建立后,又依次形成小的佛教中心,继续向周边地区弘法,将佛教的影响扩散开来。

有文献记载,仁钦桑布时期修建了众多的寺庙,共百余座,由于历史的久远、文字资料的缺乏,已无法证实其数量的准确性及寺庙的具体位置,但至少记录仁钦桑布时期西藏西部各地区兴建寺庙、大力发展佛教的火热场面。

3) 经济、战略因素

笔者认为除此之外,有些寺庙的选址还出于一定的经济及战略考虑,例如普兰王国境内的科迦寺。这里十分接近普兰、尼泊尔边境,普兰边境的斜尔瓦村与尼泊尔境内的 Siar 村均紧邻边境线,两地的居民自古便进行着密切的联系,而且,普兰王国最初的疆域范围包含尼泊尔境内的部分地区。建造科迦寺后,能够满足普兰、尼泊尔、印度等信徒的朝拜需求,吸引了许多人来此定居,渐渐形成了以寺庙的名字命名的科迦村。

笔者在调研普兰县的过程中,看到每天都有尼泊尔人来普兰做生意,甚至长期居住,在科迦寺调研的时候,也遇到了在寺庙内转经的尼泊尔信徒。

普兰县城周边的山上还保留着当年印度、尼泊尔人居住过的山洞,有个动人的名字叫"尼泊尔大厦",县城内有为印度、尼泊尔商人提供的近年新建的边境贸易市场,从卫星地图上能清晰地看到普兰、尼泊尔之间连接的"友谊桥"。在这样的地方兴建寺庙可以吸引尼泊尔信徒前来朝拜,亦有助于边境地区的安定。

3. 寺庙与周边建筑的组织

如前文所述,寺庙的选址是与统治阶层、民众聚集地结合在一起的,寺庙建筑与统治阶层的宗堡建筑、民居建筑有序地组织在一起。根据寺庙实例,可大致分为建立在山地上的寺庙及建立在河谷平原地带的寺庙。

1) 山地寺庙与周边建筑的组织

托林寺周边遗址、玛那遗址、古格故城佛殿、皮央寺,这四处札达县境内的遗址与宗堡建筑、民居一起建造在土林上。宗堡建筑位于山顶,防御性强;寺庙紧邻宗堡建筑,亦位于山体顶部或山腰部位;土林附近的民居一般是依山崖挖掘的洞窟,位于山体较低的部位。这样的洞窟集合里往往还包含礼佛窟、修行窟、壁画窟等宗教类的洞窟及佛塔,分布在寺庙建筑的附近。

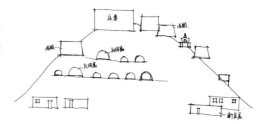

图 7-1 寺庙与周边建筑的组织关系示意图
图片来源:笔者绘制

整组建筑以宗堡及寺庙为中心组织在一起,周围环绕其他附属建筑及洞窟。洞窟群以宗教类洞窟为中心,围绕民居或仓库类洞窟,在宗教洞窟中又以礼佛窟为中心,周围修建修行窟等,各类洞窟之间没有明显的区分(图7-1)。

洞窟群大多选择在不同台地的较高崖面挖掘,在每个窑洞门前稍加修整,形成面积不大的平台或过往的通道,一般数个或数十个窑洞成组排列在同一崖面上,上下错落有致,呈阶梯状排布。每个窑洞入口朝向不定,依据崖面弯曲回转而变化。

格林塘寺亦是建立在山体顶部,周围环绕着各类洞窟。寺庙建筑周围建有围墙及碉堡,这些寺庙既有宗教作用,亦起到了一定的经济、政治管辖作用,防御性较强。

2) 河谷平原寺庙与周边建筑的组织

托林寺、玛那寺、科迦寺建立在象泉河、孔雀河畔,与村庄结合紧密,寺庙的院墙围合主要的佛殿部分,而佛塔则与村庄建筑结合在一起。例如玛那寺的佛殿外有围墙,佛塔与民居建造在一起,寺里有村、村里有寺,有助于弘扬佛法、扩大民众基础。

4. 平面形制较规整、多采用东西向

该时期的佛殿规模有逐渐增大的趋势,平面形制依旧是"凸"字形、十字形、矩形等规整的样式,也有小室围绕中心佛殿或内院的形式,曼陀罗(亚字形)的平面形式较少。

托林寺的迦萨殿为曼陀罗式的平面形式,古格故城佛殿遗址及格林塘寺遗址的其中一个佛殿采用了小室围绕中心佛殿或内院的形式,其余佛殿均为"凸"字形、十字形或矩形。除托林寺的迦萨殿体量较大以外,其余各佛殿的开间、进深在10~20米,多为一层,局部两层,这样规模的佛殿,内部除去供奉佛像、佛经等佛教用品,剩余的室内空间并不大,可能不足以容纳较多人数的僧众及信徒。

如表7-1所示寺庙中,除科迦寺的觉康殿朝北、热布加林寺的朗扎拉康朝南之外,包括较早建立的宗教建筑遗址内的佛殿均采用坐西朝东的朝向布局。笔者认为,佛殿的这种朝向选择是受到了印度佛教建筑朝向的影响。在藏传佛教上路弘传时期,西藏西部地区迎来许多印度的佛教高僧及工匠,并有僧人前去印度等地学习,因此该时期的宗教建筑较多地受到印度寺庙建造模式的影响。

印度的佛殿多选择东向,这样的设置是受到了宗教教理、仪式等因素的影响。朝东的佛殿使得每天清晨的阳光透过入口照在佛像上,营造一种神秘的宗教气氛,而且传说,东向与"日神"在天空的起始行程一致,这样方位的设置给皈依佛教的人一种心灵及精神的召唤。

5. 有室内转经道

经过对寺庙建筑平面形制的分析,除玛那寺的强巴佛殿以及难以辨别的佛殿遗址之外,该时期的佛殿内部均有转经道,一般设置在佛殿内主供佛像与其周围墙体之间。后来受格鲁派绕寺庙转经方式的影响,室内转经道大都被封堵不用,形成了较厚的空心墙体,例如科迦寺的百柱殿及觉康殿。

7.1.3　建筑装饰

不同种类的建筑要满足不同的使用要求,宗教类建筑就需要满足宗教教理、仪式等方面的需求,同时,又体现出与宗教有关联的各种建筑细节,尤其是在建筑装饰方面,处处反映出宗教对建筑的影响。

1. 入口木雕大门
1) 模仿佛龛形式

如前文所述科迦寺百柱殿的入口木雕大门(图7-2),门框、门楣均设多层装饰,层层向内递收,有花草、鸟兽、佛像、佛龛建筑等各种题材,反映着佛教典籍中的故事情节,雕刻细致,遗憾的是一些木雕的头像在"文革"时期受损。门框两边对称地分隔自上而下的八个格

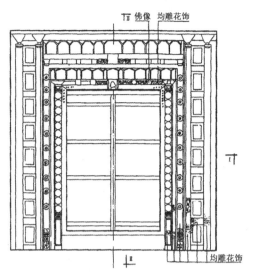

图 7-2　科迦寺百柱殿大门
图片来源:《西藏阿里地区文物抢救保护工程报告》

子,每个格子中原本亦有雕刻,现已残缺不全。该门层次分明,十分立体,呈现出一种厚重感,既是一个入口,又给人一种佛龛的感觉,"较多地反映了佛龛或窟的外观,至少是模仿了印度或尼泊尔的佛教建筑"①。

2) 三道门框

笔者在调研西藏西部地区宗教建筑的时候,发现一些佛殿的入口大门如上述科迦寺百柱殿的大门一样考究,木雕精美,立体感很强,且保存情况较好。这些门与百柱殿的木雕门在形式上略有不同,一方面是门框两侧少见设置自上而下的木格,另一方面是多为三道依次向内递收的门框,每道门框宽窄相近,均雕刻精美。例如玛那寺强巴佛殿的门框、托林寺白殿的门框(图7-3),皆为三道。门框底部多雕刻立狮的图案,代表着勇气与力量。

门框的这种设置可能与印度的佛教有关。在佛教中,许多教理与"三"有关,比如佛教三宝:"佛、法、僧";三身:"化身、应身、法身"等,据说,修炼者要通过三道门槛得到"身、心、灵"的净化。因此,三道依次向内递减的门框与宗教教理有关联,也是对印度佛教建筑的一种模仿。

图 7-3a　玛那寺门框
图片来源:笔者拍摄

图 7-3b　托林寺白殿门框
图片来源:笔者拍摄

图 7-4　葫芦形头光与背光
图片来源:笔者拍摄

2. 头光与背光

犍陀罗艺术中就已出现了佛像的头光及背光合一的形式,克什米尔的造像并没有完全延续这种风格。克什米尔造像艺术的早期主要以头光为主,后来逐渐出现葫芦形的头光与背光合一的形式,背光上的火焰纹亦是从无到有,装饰图案越发精美细致。

---

① 王辉,彭措朗杰. 西藏阿里地区文物抢救保护工程报告[M].北京:科学出版社,2002:157.

笔者在调研著名的托林寺时,明显感觉到建造年代较早的迦萨殿的艺术风格与其他殿堂不尽相同,其残存的佛像、塔座等呈现出许多与上文所述艺术风格相似的形式。在迦萨殿内残存一些佛像的背光及台座,其中有类似克什米尔式的葫芦形头光与背光(图 7-4)。

3. 矩形座

在犍陀罗及秣菟罗佛教艺术中,已经出现雕刻有狮子形象的矩形座,矩形座正面为两只狮子对称站立,中间用一立柱或垂帘相隔。克什米尔艺术中将矩形座的形式加以改进,正面仍为两只狮子对称站立,中间用夜叉相隔,夜叉是克什米尔雕刻中使用较多的对象。在克什米尔的佛教造像及绘画中,当佛陀坐于矩形狮子座上时,会在矩形座上增加一个坐垫,这种装饰形式后被其他佛教艺术沿袭。

笔者在调研西藏西部地区的宗教建筑时,在佛座、塔座、壁画中发现许多使用对称站立的二狮来装饰的实例,随着该地区佛教艺术的发展成熟,工匠在具体形式的处理上进行了一些调整,有的用立士来间隔二狮。札达县托林寺迦萨殿遗址内的佛座立面雕刻精美,二狮对称立于矩形佛座正面两端,中间为立士,立士与二狮之间又用立柱相隔。该遗址内还可清晰见到莲花座,莲瓣宽大扁平(图 7-5),并非饱满的核仁状莲瓣。

笔者在调研托林寺遗址时,看到遗址内的佛塔基座亦采用二狮对称的构图形式,狮子之间的图案略有不同,但已难以清晰辨明(图 7-6)。

图 7-5　莲花座
图片来源:笔者拍摄

图 7-6　塔座
图片来源:笔者拍摄

4. 佛像形象变化

如前文所述,犍陀罗位于贵霜帝国境内,也是今天的拉达克地区,即克什米尔境内,克什米尔的佛教艺术风格受到了犍陀罗艺术的影响,但也有着自己的特点。公元 11 世纪以后的克什米尔艺术形式发生了一定的变化,造像的躯体更加修长,腰部较细,乳房隆起,凸显女性特征,并且开始追求肌肉组织的表现,腹部肌肉隆起、饱满,有力量感,这种表现手法可能是受到了早期犍陀罗艺术的影响。

笔者在托林寺迦萨殿的遗迹中发现有"腹肌隆起"的佛像残存,在托林寺红殿门廊壁画中的十六金刚舞女形象与克什米尔造像风格相似,在许多佛塔内遗存的擦擦上亦可见到该种表现形式的佛像,均与上述克什米尔的艺术风格相符。

7.1.4 模仿宗教艺术源头

1. 宗教艺术交流背景

公元 10—11 世纪末,西藏西部地区与印度、尼泊尔等喜马拉雅山脉的地区之间活动频繁,大量的高僧大德、佛教教义、佛教用品、工匠艺术家等融入该地区,一方面是为了传播佛教,一方面是为了躲避这个时期伊斯兰教对他们的打压。

该时期的西藏西部地区,以古格王朝为代表开始大兴佛教、建造寺庙、翻译经书,选派人员去相邻的佛教发源地——印度、尼泊尔学习佛教教义。古格大译师仁钦桑布就曾多次前往这些地区学习,他去过的地方还包括克什米尔。

2. 宗教艺术源头——克什米尔

笔者认为,克什米尔虽然不是佛教的发源地,但却是一个重要的佛教艺术中心。如前文所述的产生时间最早的佛教艺术圈——犍陀罗便位于该地区,可见,克什米尔地区的佛教文化历史源远流长。再者,阿里三围之一的拉达克地区位于克什米尔的东北部,古格王朝与拉达克王朝之间的联系本来就很频繁,对克什米尔的文化早已有所接触,仁钦桑布沿着狮泉河的路线将克什米尔的佛教艺术带入西藏西部地区也是理所当然的。例如,仿照希腊爱奥尼的涡旋式柱头,有凹槽的上大下小柱身组合而成的柱子样式也出现在了噶尔门士乡穹窿银城的佛塔基座。而且,从时间上来讲,这个时期的犍陀罗、秣菟罗、萨尔纳特等佛教艺术开始衰弱,而这正是吸收了犍陀罗艺术元素的克什米尔佛教艺术的转型期,因此,该宗教艺术形式兴起的时间与西藏西部地区佛教的兴起时间相符合。

总之,后弘期早期的西藏西部宗教建筑反映出许多喜马拉雅地区的宗教艺术元素,尤其是克什米尔艺术。

3. 对宗教艺术源头的模仿

该时期,西藏西部地区的佛教事业迅猛发展,统治阶级、佛教僧侣、逐渐增多的佛教信徒都需要大规模地建造宗教建筑、制造包括佛像造像在内的宗教用品,在这种情况之下,仁钦桑布从克什米尔带来西藏的工匠、佛像等已无法满足逐渐增多的寺庙的要求,于是,西藏西部民众开始自己学习制造佛教用品。

这个学习的过程是从模仿开始的,因此,该时期西藏西部的造像、壁画、寺庙内的装饰细节表现出了如上文所述的克什米尔艺术风格。当然,这种模仿并不仅仅局限于克什米尔地区,还包括其他宗教影响力较大的地区或寺庙,例如托林寺迦萨殿就是对西藏山南地区的桑耶寺平面形制的一种模仿。通过模仿与借鉴,使得该地区快速地产生了一定数量的工匠及艺术家,这些人可以熟练地建造宗教建筑、制造佛用品,以满足民众对佛法的需求。

7.2 公元 11—14 世纪西藏西部宗教建筑特点

大约从公元 11 世纪初开始,经历了佛教在西藏地区的再度兴起并获得了广泛的发展之后,藏族人按照自己的理解方式对佛教经典重新进行"秩序排列",并将更多的藏族文化融入其中,于是,相继出现了宁玛、噶当、萨迦、噶举等不同的藏传佛教的分支教派,并且各分支教派并存发展。藏传佛教各教派百花齐放,分别获取不同封建割据势力的支持,并且争取民众基础,建立属于本教派的寺庙。分支教派分别向着不同的地区发展自己的势力,各时期不同教派之间势力悬殊,势力范围不断改变,许多寺庙发生过教派的改宗。西藏西部地区的宗教建筑也发生过多次的教派变换。

公元 14 世纪末,格鲁派兴起,改变了多个教派各据一方的形式,对一些教派的寺庙进行兼并,导致其建筑形制产生一定的变化。因此,笔者将公元 11 世纪藏传佛教各分支教派先后兴起,到公元 14 世纪末格鲁派逐渐壮大,分为第二个阶段。

7.2.1　建筑基本情况

在藏传佛教百花齐放的时候,古格王朝爆发了内乱。据说,公元 11 世纪中叶,即孜德国王时期,王位的继承问题引发了古格王朝的内部纷争,朝中的贵族、大臣支持不同的王位继承人。有研究表明,大约公元 11 世纪末,古格王朝很可能在北面的皮央重新建立了一处政权,与札布让分庭抗争。古格的政治进入分裂时期,根据现场调研的洞窟、城堡及寺庙的规模,笔者推测除皮央以外,玛那、达巴这些当时规模宏大、人口众多以及经济、文化较为发达且相距札布让较近的地区,很可能均成为古格王国分散的政治、宗教据点,各据一方。

如前文所述,笔者调研的札达县境内的达巴扎什伦布寺、古格故城的各佛殿、皮央新寺,普兰县境内的嘎甸拉康及古宫寺大约建立于该时期。虽然这些寺庙也经历了重修等工程,或是已成废墟,但仍可以发现一些重要的遗存,笔者将西藏西部地区该时期兴建寺庙的建筑基本情况汇总如下(表 7-2):

表 7-2　公元 11—14 世纪西藏西部地区寺庙建筑基本情况

寺庙名称	佛殿名称	年代(公元)	平面形制	朝向	托木	壁画
达巴扎什伦布寺	—	13 世纪	凸字形、方形等	东	—	—
古格故城	白殿	10—14 世纪(部分佛殿可能延续至 16 世纪)	凸字形	南	单层	佛像
	红殿		长方形	东	单层	尼泊尔宾客
	坛城殿		正方形	东	双层	护法神像
	大威德殿		凸字形	东	双层	佛像
	度母殿		正方形	北	单层	出现宗喀巴
皮央新寺	杜康殿	12 世纪	长方形	东	—	—
古宫寺	—	14—15 世纪	近似矩形	南	无	莲花生

但是,该地区同时期所建其他寺庙的资料不够翔实,文物普查结果显示大多数寺庙的年代为待定,《阿里地区文物志》中亦无记载,因而无法确认。这种情况的原因是多方面的,首先,该地区的一些寺庙选择依靠大师修行洞而建,修行洞存在的时间可能较早,但多为宗教传说,而寺庙建筑的年代较晚;其次,该时期所建寺庙多属不同教派,有些教派对其所建寺庙的记载缺失或者较混乱,且多为藏文,难以引用参考;再次,寺庙受破坏严重,保存情况较差,现存建筑为后期在原址基础上的重建;等等。总之,多种因素使得建立在该时期的寺庙记载不尽翔实。

各教派兴起之后,确实在西藏西部地区建立了各自的寺庙建筑。据《麝香之路上的西藏宗教文化》记载,产生时间较早的与本教较相似的宁玛派在拉萨河以南传播较广,较少见到该教派在西藏西部地区建立大规模寺庙的记载,前文所述萨迦派的昆氏家族素来与象雄王国有着密切的关系,而"(达波噶举派的创始人)米拉日巴很注意在本教势力仍然十分强大的阿里地区传播佛教"[①],"(达波噶举的分支教派)噶玛噶举活佛转世系统众多,寺院也不少……在不丹、锡金、尼泊尔、拉达克等地也都有噶玛噶举的寺院"[②]。可见,该时期藏传佛教的萨迦派与噶举派可能在该地区建立的寺庙数量较多。

如前文所述,普兰县的冈底斯神山——各教徒心中的宗教发源地,成为大师理想的静修之地。神山周边留下了许多莲花生、米拉日巴等大师的圣迹及修行山洞,而米拉日巴在山洞苦修的方式被噶举派僧人推崇效仿,因此,神山及相邻的圣湖周边的山洞及寺庙多属噶举派,但建寺时间不确定,笔者推测可能属于该时期,归纳如下(表7-3)。

表7-3 神山、圣湖周边寺庙建筑基本情况

神山周边寺庙

方位	寺庙名称	教派	方位	寺庙名称	教派
东面	仲哲普寺	噶举派	西面	曲古寺	噶举派
南面	江札寺	噶举派	北面	哲日普寺	噶举派

圣湖周边寺庙

方位	寺庙名称	教派	方位	寺庙名称	教派
东南岸	聂果寺	萨迦派	南岸	楚果寺	噶举—格鲁
西岸	极物寺	噶举派	西南岸	果祖寺	噶举—格鲁
北岸	朗(波)纳寺	噶举派	东北岸	色拉龙寺	噶举派

7.2.2 建筑形制

1. 寺庙的主要功能

该时期兴建的寺庙在数量上继续增加,规模上也有增大的趋势,例如古格故城的红殿开间约22米,白殿面积约370平方米,佛殿内可以容纳的人数变多了。此时,各教派均在扩大自身的势力,除了要得到封建领主的支持,还要发展、吸收更多的信徒加入教派,因此,在包括拉达克等喜马拉雅山脉在内的各地广建寺庙,一方面,可以给本教僧侣提供静修之地,另一方面,也可以向周边民众宣传教理。可见,该时期寺庙的服务对象得到了拓展,寺庙的主要功能是为僧众礼佛、信徒朝拜提供场所。

2. 寺庙的选址与分布特点

1) 延续之前的原则

如前文所述,在自然环境较恶劣的阿里地区,四大河流及其支流的河谷地带一直是农业较发达、经济较富裕的适宜居住的地带,也是政权集中分布的地带,在发生分裂时,新政权仍

---

① 常霞青.麝香之路上的西藏宗教文化[M].杭州:浙江人民出版社,1988:146.

② 同①

旧选择建立在这样的地方,例如上文所述札布让与皮央。因此,寺庙的选址也符合这样的规律,这个时期寺庙的选址仍在延续之前的原则。

2) 各教派寺庙的分布

在此基础上,藏传佛教的各教派又依据自身的情况在具体的地点建造寺庙,或是将该地区原有寺庙的教派改变,形成了各自的势力范围。公元 11—14 世纪时期,西藏西部地区属于萨迦派与噶举派的寺庙数量较多。

宁玛派产生的时间较早,在西藏西部地区建立了寺庙,但是该教派一直的传承方式都是家族内的秘传,亦没有系统的教义,甚少修建寺庙,因此,虽然该教派传到了西藏西部地区,但是寺庙数量很少,笔者掌握的该时期的宁玛派寺庙只有普兰境内的一座叫作嘎甸拉康的小寺庙。

萨迦派与西藏西部地区统治阶级的关系一向密切,便首先将影响力最大的托林寺纳入其教派势力范围,位于托林寺西北面的热布加林也属于萨迦派,根据《阿里史话》的《阿里地区寺庙、拉康总表》显示的信息来看,皮央也属于萨迦派的势力范围,但该表格记录的是寺庙在 2003 年时期的宗教派别,在此之前有可能发生过宗教教派的变更。萨迦派势力范围较为集中地分布在古格故城的札布让区周边。

在格鲁派兴起之前,神山、圣湖边的寺庙几乎全属噶举派,仅有少数的萨迦派寺庙。噶举派选择在这些地方建造寺庙,与米拉日巴传下来的在山洞内苦修的修习方式有一定的关系。噶举派按照一定的方位在冈仁波齐峰及玛旁雍错湖边营造寺庙,使转山、转湖的信徒们,每转一段路线,就可以到达一座噶举派寺庙。前文所述的普兰境内的古宫寺亦属于噶举派,科迦寺也于公元 13 世纪左右改宗噶举派。公元 12 世纪左右,噶举派的僧人还到达拉达克、不丹等地传播教义并建立寺庙。该时期噶举派势力范围较为集中地分布在普兰县境内的神山圣湖周边。

3. 寺庙与周边建筑的组织

神山、圣湖边的寺庙一般各自占据一座小山,依山而建,拾级而上。例如极物寺,寺庙建筑围绕修行洞而建,错落有致,小山最高处遍插经幡。

4. 平面形制较规整、朝向不再固定

这个时期的寺庙佛殿依旧较规整,多为"凸"字形、方形、矩形等,例如达巴扎什伦布寺其中的佛殿,古格的白殿、大威德殿采用了"凸"字形平面,其余佛殿为方形或矩形平面,但规模增大。

神山、圣湖边的寺庙一般就势而建,平面形式较灵活,佛殿面积不大,朝向湖面。

古格的白殿及古宫寺入口朝南,古格的度母殿入口朝北,这是对前一时期入口大多东向的一种打破,在佛殿设计方面,西藏西部地区民众已经在逐渐摆脱印度式佛殿的理念影响。

5. 取消室内转经道

笔者在调研古格的佛殿时,未在其内部发现转经道的设置,在达巴遗址及皮央遗址的佛殿内,亦未发现有类似转经道的遗存。

7.2.3　建筑装饰

该时期西藏西部地区的宗教活动依旧活跃,与相邻地区之间的宗教文化交流依旧呈上升趋势。

　　一些著名的佛教大师纷纷带门徒入藏传教,例如于 1042 年进入该地区的阿底峡大师,就为西藏带来了大量的佛教典籍,随他一起入藏的门徒们也为佛教的传播作出了贡献,随行的还有一些佛教艺术家及工匠。但对于阿底峡的进藏路线及其随行的艺术家来源,不同的资料描述不一,有的说是来自克什米尔,有的说是来自尼泊尔。

　　一方面,由于历史的久远,很难考证描述的准确性;另一方面,该时期,不论是从尼泊尔还是从克什米尔,均有僧侣及工匠入藏;再者,仁钦桑布也曾去多地学习,招揽工匠,因此,可以肯定的是,随着以阿底峡为代表的境外高僧进入西藏西部地区,确实带来了境外大量的佛教艺术。

图 7-7　古格故城红殿大门
资料来源:《古格故城》

1. 三道门框的大门

　　公元 10—11 世纪所建的托林寺百柱殿及玛那寺的入口大门,均设有雕刻精美的逐层向内递减的三道门框,每一层的图案都不相同,主要有堆经、莲花瓣、连珠纹、卷草纹、梵文文字、金刚杵、菩萨造型、佛陀造型、动物等。门扇上有雕刻纹样或装饰铜雕卷草纹蒙皮,门箍上用彩绘装饰并悬挂五色织物卷成的粗绳。

　　大门的立体感很强,这种样式的门对该时期的寺庙装饰具有一定的影响,有些寺庙沿用此门。例如古格故城中的红殿大门(图7-7),即设置了三道门框,均雕刻细致,与前期寺门的样式极其相似。

2. 胁侍菩萨构图的壁画

　　如前文所述,公元 8 世纪末至 9 世纪初,印度东部的孟加拉一带兴起的波罗王朝,在公元 12 世纪,被信奉伊斯兰教的色纳王朝所灭,波罗王朝的佛教僧侣从印度本土躲避到尼泊尔、西藏等地,波罗王朝的佛教艺术由僧侣们带至境外其他地方发展,其中就包括了一种“胁侍菩萨”式的构图。

　　在佛教中,胁侍菩萨是修行觉悟层次最高的菩萨,在没有成佛前,常伴在佛陀身边协助弘法,每位佛陀都有两位或多位胁侍菩萨,例如文殊菩萨、普贤菩萨就是释迦牟尼的左右胁侍。胁侍菩萨与佛陀一样,也有一定的法相及手印。

　　在构图上,主尊的佛陀位于画面中心位置,一般呈座式,尺度比例较大,胁侍菩萨分列两旁,一般站立,比例较小。胁侍菩萨的风格比较相似,面孔、胯部朝向主尊佛陀,有的胁侍菩萨双腿较直,双脚脚尖均朝向主尊佛陀,也有的一腿屈膝脚跟微微踮起,姿态更具曲线感(图7-8),此种图像在唐卡的表现中应用较多。

　　寺庙壁画亦会采取这样的构图方式,在绘图中,主尊佛陀的头顶及左右侧分隔成若干大小相当的小方格,用以绘制不同的佛像,每尊佛像各有独立的背光及基座,互不相连。主尊佛陀下方有时亦用同样的方式分隔方格绘制佛像,或者书写梵文。主尊佛陀一般呈座式,有绘制精美的背光及基座。不同时期以这种构图方式绘制的壁画,其佛陀及菩萨的装饰、线条表达、色彩略有不同。

在普兰县古宫寺的洞窟寺庙内还较好地保存着佛教壁画,虽然画面有些斑驳,但其构图形式、内容及色彩还是能够清楚呈现(图7-9)。画面构图形式与上文所述类似,主尊佛陀位于画面中央,周边分隔大小相当的方格,分别绘制佛陀,各有背光及基座,主尊佛陀两旁伴有胁侍菩萨,朝向佛陀。壁画整体以红色调为主,颜色饱和度较高,壁画中的佛陀及菩萨样貌趋向写实,更接近藏族的表达形式。

图 7-8　胁侍菩萨壁画
图片来源:百度图片

图 7-9　古宫寺胁侍菩萨壁画
图片来源:笔者拍摄

3. 古格银眼

随着佛教在西藏西部地区的兴盛,以及大批境外艺术家及工匠的进入,该地区的宗教艺术也被推向一个新的高度,其中最为著名的即"古格银眼"。这是古格王国特有的一种制作佛像的技法,即用白银来镶嵌佛像的眼睛,使佛像眉目更加传神,惟妙惟肖。

图 7-10　鲁巴村
图片来源:笔者拍摄

快速、大范围兴建的寺庙需要大量的佛陀造像、法器等佛教用品,也催生了古格本地的佛教造像业。在古格故城札布让的西北部、象泉河北岸有个地方叫鲁巴村(据说为仁钦桑布的故乡),属于札达县与印度接壤的底雅乡。那里的造像技艺、金属冶炼技艺均十分高超,成为当时古格重要的造像基地,产生了"古格银眼"这样的优秀造像。笔者2010年去底雅乡调研的时候,经过鲁巴村,这里风景优美,村内现已无生产造像的作坊(图7-10)。

当时的鲁巴村造像多采用当地产的黄铜制造,质地较细腻,并以白银嵌白毫、眼珠部分,衣物精美华贵。据说,鲁巴村的佛陀造像远近闻名,著名的托林寺及其下属的20多座属寺均供奉鲁巴村的造像。

1997 年,考古工作者在上文所述皮央寺庙的杜康大殿挖掘出一尊精美的铜质造像,其眼球、白毫均使用镶银的技法制成,向世人展示了"古格银眼"的风采。这也印证了古格境内的寺庙供奉鲁巴造像的说法,也说明象泉河沿岸确实矿产丰富,为造像提供优质的金属材料。

7.2.4 模仿与突破

1. 对多种宗教艺术的吸收与包容

(1) 外因

该时期,与西藏西部地区相邻的,同样处于喜马拉雅山脉的尼泊尔、印度、拉达克等地,先后受到了伊斯兰教的打压,其境内的僧侣、艺术家及工匠转而进入西藏西部及西藏的其他地区继续发展佛教,为西藏带来了各地的宗教艺术。

(2) 内因

在佛教蓬勃发展的时候,西藏西部地区接纳了各地的佛教人员,吸收了多种形式的宗教艺术,体现了极强的文化包容性,这也使得该地区的佛教事业得以迅猛地发展与扩大。

(3) 途径

该时期的西藏西部地区主要吸收了来自西北部的克什米尔艺术,以及来自西南部的波罗艺术风格。带有犍陀罗元素的克什米尔艺术主要通过拉达克进入西藏西部地区境内,沿狮泉河继续向南传播;波罗艺术主要通过普兰与尼泊尔交界的地区,沿孔雀河向北传播,即与上文所述的麝香之路的南、北段。这也印证了笔者前文所述,位于噶尔门士乡的穹窿银城遗址具有犍陀罗元素的塔基雕刻,以及位于普兰县的古宫寺具有波罗构图风格的壁画。

2. 发展本地宗教

在吸收喜马拉雅山脉地区多种形式宗教艺术的同时,聪慧的西藏西部民众并没有一味地模仿,还是很快地发展了具有本地特点的宗教艺术,壮大佛教事业。例如在建造寺庙建筑方面进行的一些改变及突破,以及在制造佛陀造像方面产生的优秀艺术形式。

7.3 公元 15 世纪以后阿里宗教建筑特点

后弘期以来,藏传佛教已逐步成熟,形成了一个完备且具有鲜明地方特色的宗教体系,并进而向西藏周边地区传播,影响周边地区宗教文化。

公元 11—14 世纪,各教派结合各封建割据势力,形成各自发展、相对抗衡的局面。有些教派缺乏严明的戒律,僧侣生活懒散,相对于培养宗教修养来说,反而更看重结交达官贵族,这些风气不利于藏传佛教的长远发展,迫切需要改革。

公元 13 世纪中叶,元世祖任命萨迦派"五祖"之一的八思巴为"帝师",萨迦派得到了元朝政府的支持与重用,慢慢将西藏地方政权与宗教势力相结合,使得政教合一体制逐渐成形。

公元 14 世纪末,戒律严明的格鲁派产生,其创始人宗喀巴大师先后师从萨迦、噶举及噶当派高僧学法。格鲁派取得了西藏统治集团的支持,还得到了帕竹噶举在内的其他教派的赞赏,很快取代了其他教派的地位,结束了各教派长期分裂的局面,成为藏传佛教中势力范围最大的一个教派,西藏各地区许多寺庙改宗为格鲁派。

7.3.1　建筑基本情况

1. 西藏西部地区部分寺庙教派变更情况

格鲁派的影响范围也传播到了西藏西部地区,笔者将本书中涉及的该地区寺庙教派变更情况汇总如表 7-4 所示。

公元 11—14 世纪末,在格鲁派兴起之前,西藏西部地区的寺庙多属于噶举派与萨迦派,其中又以噶举派为多。噶举派的分支在藏传佛教各教派中最多,其中直贡噶举派与竹巴噶举派的势力范围最大、寺庙数目最多,日土县、札达县、普兰县等地均有噶举派寺庙,萨迦派亦在各地区建立了寺庙,且两派均向喜马拉雅地区的拉达克、木斯塘、不丹等地进行传播。

表 7-4　西藏西部地区部分寺庙教派变更情况

寺庙名称	教派变更情况
托林寺	萨迦派(12—14 世纪)——格鲁派(15 世纪)
科迦寺	本教——直贡噶举派(13 世纪)——萨迦派(15 世纪)
玛那寺	不详——格鲁派
热布加林寺	俄尔萨迦/宁玛派
达巴扎什伦布寺	竹巴噶举派——格鲁派
札布让寺	不详
贡不日寺	直贡噶举派
贤佩林寺	格鲁派(17 世纪)
萨贡当曲林巴寺	萨迦派(17 世纪)
喜德林寺	萨迦派
极物寺	噶举派
扎西岗寺	竹巴噶举派——格鲁派
古入江寺	本教
伦珠曲德寺	竹巴噶举派——格鲁派
玛央拉康	噶举派

公元 15 世纪以后,随着格鲁派的发展壮大,该地区的许多寺庙发生了宗教派别的变更,如托林寺、玛那寺、达巴扎什伦布寺、扎西岗寺、伦珠曲德寺等,除此之外还增加了一些格鲁派的新建寺庙,如贤佩林寺及拉达克的 Pathub。

2. 各教派寺庙规模及分布

笔者综合了《阿里地区文物志》《阿里史话》及调研结果等资料,得知从公元11世纪至2003年左右,萨迦派在西藏西部地区的寺庙数量变化不大,其分布范围由札布让区逐渐转移到普兰,进而发展到木斯塘;噶举派寺庙数量呈缓慢增长趋势,分别沿狮泉河向西北至拉达克,沿孔雀河向东南至不丹等地;格鲁派自公元15世纪传入该地区以后,其寺庙数量一直在持续、快速地增加,亦向西藏西部邻近的周边地区扩张。

格鲁派是以拉萨为中心向周边地区传播的,该教派与当时强盛的蒙古人关系良好,使得教派势力日益加强,并最终在公元17世纪建立了以达赖喇嘛为核心的西藏地方政权。随后,格鲁派又获得了清政府的支持,其教派势力远远超出其他教派。

随着该时期西藏政治局面的变化,阿里地区与以拉萨为中心的卫藏地区的联系逐渐增多,在宗教方面向格鲁派靠拢,其建筑的形式亦趋向于卫藏地区的格鲁派寺庙(表7-5)。

表7-5 公元15世纪以后西藏西部地区寺庙建筑情况

寺庙名称	佛殿名称	年代	平面形制	朝向	托木	转经道
托林寺	白殿	15世纪中叶	凸字形	南	双层	无
	红殿		凸字形	东	单/双层	无
札布让寺	—	15世纪后	凸字形	东		
贤佩林寺	—	17世纪	方形	南	双层	无
喜德林寺	—	15世纪	长方形	南	双层	无
扎西岗寺	—	15世纪	亚字形 ✚	东	双层	殿外
扎西曲林寺	—	15世纪	凸字形、方形	南	—	无
伦珠曲德寺	热普丹殿	16世纪	长方形	东	双层	有

7.3.2 建筑形制

1. 平面形制仍然较规整

本书中调研的该时期建立的寺庙佛殿平面形制仍然较规整,其规模逐渐扩大,有的佛殿内出现了明显的经堂、佛堂的划分,如前文所述托林寺的红殿、贤佩林寺、伦珠曲德寺的热普丹殿内出现了明显的前经堂、后佛堂的设置,且经堂的面积较大(图7-11)。

寺庙平面设置的这种变化是与宗教需求相关的。一方面,佛教传入西藏的早期佛教徒少,寺庙主要用来供奉佛像、佛经等宗教用品,且大都为王室所用。后弘期,佛教在西藏社会蓬勃发展,藏传佛教逐渐成熟,信徒数量增加,要求寺庙扩大规模来容纳更多前来朝拜的人。另一方面,要求僧侣集中念经修行的格鲁派逐渐兴盛,要求佛殿有能够容纳众多僧侣的经堂。因此,寺庙佛殿前经堂、后佛堂的平面形制逐渐定型。公元12世纪以后,西藏西部地区与西藏腹地的联系紧密,该地区的寺庙形制亦符合定型式的样式。

2. 室内无转经道

佛堂内部取消转经道,有的寺庙佛殿建筑外部设置了转经道,例如扎西岗寺(图7-12)。这种设置的变化,可能与格鲁派的兴起有关,格鲁派认为希望从佛殿内受益就需要围绕佛殿顺时针转经,后来,转经道逐渐扩大,发展到围绕整个寺庙转经。

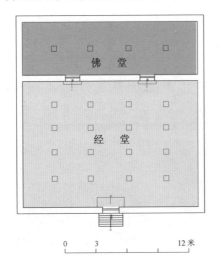

0　　3　　　　　12 米

北

图 7-11　格鲁派佛殿
图片来源:笔者绘制

图 7-12　扎西岗寺室外转经道
图片来源:笔者拍摄

3. 采用十二棱柱

在贤佩林寺的大门处立两根较粗壮的木柱,断面为复式十字形即十二棱形状(✚),这种形式的柱子在早期西藏建筑中比较罕见,尤其是在木材较缺乏的阿里地区更是少见。

4. 入口斗拱

科迦寺觉康殿在公元 19 世纪后重修,其廊院门两侧悬挑小斗拱,一斗三升,承载门上凸出的屋檐,这种做法与笔者在卫藏地区调研看到的做法相似,属于卫藏地区民居及寺庙的习惯做法。一般民居雨篷较小,斗拱上架平行于墙体的圆木或木板即可,而寺庙的雨篷出挑较多,更像是一个小屋顶,有的设置两重或更多的斗拱(图 7-13)。

图 7-13　甘丹寺、色拉寺、色拉寺属寺
图片来源:笔者拍摄

科迦寺的觉康殿廊院入口的做法反映出公元 19 世纪以后受到卫藏地区寺庙做法的影响,略有不同的是,觉康殿院门上的屋顶与廊院屋顶连为一体,高度相同,而卫藏地区多为在门上方另设雨篷。

7.3.3 建筑装饰

1. 门框图案

门框装饰图案不同,前期的门框多雕刻佛教人物、佛教故事等内容,而后期多用连续、重复的几个图案(图 7-14)。

2. 波罗遗风

如前文所述,波罗艺术风格的菩萨一般身材修长,头戴尖顶的三角形头冠,梳高发髻,笔者在东嘎扎西曲林寺佛殿的洞窟内看到的壁画形式,与波罗艺术风格较为相似,而该寺庙内还存在着宗喀巴大师的画像,因此寺庙建造的时间应该在公元 15 世纪以后,可能当时的画师仍沿用了波罗艺术风格来作画。

3. 宗喀巴壁画

图 7-14 普兰贤佩林寺
图片来源:笔者拍摄

随着格鲁派在西藏各地区的盛行,西藏西部地区的寺庙亦大多归属于格鲁派,在寺庙建筑中出现了许多格鲁派创始人——宗喀巴大师及其弟子的壁画,以表达对格鲁派的颂扬。

7.4 宗教建筑的现状

笔者在调研该地区宗教建筑的时候发现,由于该地区自然环境较差,以及年代久远的宗教建筑多用当地原始材料建造等原因,建筑、佛塔、洞窟的损毁情况较严重,壁画、雕刻已经越来越难以辨识。

图 7-15 札达县玛那寺天花
图片来源:笔者拍摄

对于有些寺庙建筑的修复工作,并没有做到从"修旧如旧"、保留原貌的原则进行,导致修复后,建筑改变较大。例如:①笔者曾于 2010 年及 2011 年两次到札达县玛那寺调研,发现其经过修复后,天花的装饰壁画已然错乱,维修人员并未按照原始图样将每块木板拼回原位(图 7-15)。这种人为的失误给宝贵的宗教建筑带来了一定的破坏,给研究造成了一定程度的困难。有些寺庙经过修复后,其木构件焕然一新,对老的构件未能很好地保留及利用。②日土县伦珠曲德寺的热普丹殿,在笔者第二年再次去调研的时候已经只剩一片墙体了。③本书前面章节所述的普兰县科迦寺是西藏西部地区著名的古老寺庙之一,在 2017 年笔者与研究生再次调研该寺庙时,恰逢其修复工程进行的阶段。该寺庙的百柱殿正在进行壁画修复,室内搭建了脚手架。当与壁画工匠师傅沟通,问及壁画修复是否是在原壁画(图 7-16)基础上作修补时,壁画工匠告知我们大殿中壁画全部重新绘制(图 7-17),绘制内容依据故宫博物院出版的书籍《藏传佛教唐卡》。

图 7-16　2010 年科迦寺百柱殿壁画及唐卡
图片来源：笔者拍摄

图 7-17　2017 年科迦寺百柱殿新绘壁画
图片来源：笔者拍摄

　　以上所述寺庙已修复的部分，形式及装饰细节均失去了原先的绘制技巧和风格特征，其真实性与历史价值受到了破坏。

　　西藏西部地区的宗教建筑的保护、修复工作仍需在专业人士监督的情况下，有计划地进行。

附录 1

1993 年西藏西部地区宗教建筑文物点一览表^①

序号	名称	时代	详细地点	保存状况
1	古格故城遗址	10—12 世纪	札达县札布让区	白殿、红殿较完整
2	托林寺遗址	早于现存托林寺	札达县城	仅佛殿较完整，其余均为废墟
3	多香城堡遗址	与古格王朝同期	札达县多香村	两座佛殿稍完整，其余均为废墟
4	玛那寺、玛那遗址	与古格王朝同期	札达县玛那村	少数建筑较完整
5	卡尔普遗址	与古格王朝同期	札达县札布让区	少数建筑基本完整
6	达巴遗址	与古格王朝同期	札达县达巴乡	均为废墟
7	麦龙沟寺庙遗址	与古格王朝同期	札达县札布让区	均为废墟
8	皮央遗址	与古格王朝同期	札达县皮央村	大部分建筑为废墟
9	东嘎·扎西曲林寺遗址	与古格王朝同期	札达县东嘎村	仅存寺庙及部分洞窟
10	香孜遗址	与古格王朝时期相近	札达县香孜区	仅存寺庙墙体及部分洞窟
11	江当遗址及桑丹达吉林寺	近代	札达县江当村	基本完整
12	贤佩林寺遗址	上限为 12 世纪	普兰县城侧	大部分建筑尚存墙体
13	托林寺	约为 10 世纪	札达县城内	基本完整
14	扎西岗寺	具体年代待考	噶尔县扎西岗区	—
15	贡不日寺	15 世纪以后	普兰县城侧	完整
16	丁穹拉康石窟	约为 13 世纪	日土县乌江村北	窟内残存少量壁画

---

① 该表格主要参照索朗旺堆主编的 1993 年版的《阿里地区文物志》。

附录 2
吐蕃王系列表^①

雅砻部落联盟时期		
赞普名字	在位时间	重要宗教事件
聂赤赞普	公元前 360—前 329 年	建立雅隆部落联盟
穆赤赞普	公元前 329—前 302 年	
定赤赞普	公元前 302—前 277 年	
索赤赞普	公元前 277—前 248 年	
美赤赞普	公元前 248—前 207 年	
达赤赞普	公元前 207—前 179 年	
塞赤赞普	公元前 179—前 146 年	
止贡赞普	公元前 146—前 123 年	驱散部分本教徒、削弱本教势力
布德共杰	公元前 123—前 93 年	
艾雪勒	公元前 93—前 71 年	
德雪勒	公元前 71—前 38 年	
提雪勒	公元前 38—公元 11 年	
古茹勒	公元 11—公元 26 年	
仲谢勒	公元 26—公元 64 年	
伊雪勒	公元 64—公元 99 年	
萨南森德	公元 99—公元 128 年	
德楚南雄	公元 128—公元 152 年	
色诺南德	公元 152—公元 178 年	

---

① 该表格有关吐蕃赞普的资料主要参照《青史》《红史》。

赞普名字	在位时间	重要宗教事件
色诺布德	公元 178—公元 220 年	
德诺南	公元 220—公元 245 年	
德诺布	公元 245—公元 276 年	
德结布	公元 276—公元 326 年	
德振赞	公元 326—公元 352 年	
结多日隆赞	公元 352—公元 382 年	
赤赞南	公元 382—公元 402 年	
赤扎邦赞	公元 402—公元 412 年	
赤脱吉赞	公元 412—公元 432 年	
佗土度日年赞	公元 432—公元 512 年	
赤宁松赞	公元 512—公元 537 年	
仲宁德乌	公元 537—公元 562 年	
达日宁色	公元 562—公元 618 年	
南日松赞	公元 618—公元 629 年	

吐蕃王朝时期

赞普名称	在位时间	主要宗教事件
松赞干布	公元 629—公元 650 年	引入佛教，与象雄联姻，发兵象雄
芒松芒赞	公元 650—公元 676 年	弘扬佛教
杜松芒波杰	公元 676—公元 704 年	弘扬佛教
赤德祖赞	公元 704—公元 755 年	迎娶金城公主，与唐朝争夺大、小勃律；积极弘扬佛教；向象雄派兵、征服象雄
赤松德赞	公元 755—公元 797 年	邀请寂护、莲花生大师入藏；建立桑耶寺
木奈赞普	公元 797—公元 798 年	
牟如赞普	公元 798 年	
赤德松赞	公元 798—公元 815 年	
赤祖德赞	公元 815—公元 838 年	译经事业成熟，亲自出家为僧
朗达玛	公元 838—公元 842 年	大规模灭佛

附录 3
古格王系列表

　　笔者查阅不同资料,发现对于古格王朝各国王的名字、年代、长幼记载各不相同,较难统一。其中原因很多,可能因为拉达克、古格、普兰王朝各个年代的事件大都交织在一起,导致文献将不同王朝相混淆;也可能因为王位在兄弟之间经历过变换,导致文献对其长幼顺序及其后代归属存在异议。该表格所示古格国王的列表,综合了不同的文献记载,如《红史》①《分裂时期的阿里诸王朝世系》,在此,针对本书主题,笔者绘制下表:

国王名字	法名	时间	主要宗教事件
德尊衮			
松艾	拉喇嘛·益西沃		大力倡导佛教;亲自出家,师从仁钦桑布
柯日			支持松艾兴佛;在克什米尔等地建寺庙
拉德波			迎请印度的素巴希、梅如大师;修整皮央
沃德		1024	征服拉达克,娶拉达克王妃;阿底峡入藏,建贝土寺
绛曲沃	拉喇嘛·绛曲沃	公元 11 世纪	负责迎请阿底峡,修复喜马偕尔邦 Tabo 寺
孜德		1076	在托林寺举行火龙年大法会,继续派僧侣去迦湿弥罗学法;古格发生内乱
巴德		1092	迁都至东嘎

---

① 蔡巴·贡噶多吉.红史[M].拉萨:西藏人民出版社,2002:36.

参考文献

［1］中国建筑工业出版社.西藏古迹［M］.北京:中国建筑工业出版社,1984.

［2］藏族简史编写组.藏族简史［M］.拉萨:西藏人民出版社,1985.

［3］陈履生.西藏寺庙［M］.北京:人民美术出版社,1994.

［4］宿白.藏传佛教寺院考古［M］.北京:文物出版社,1996.

［5］王森.西藏佛教发展史略［M］.北京:中国社会科学出版社,1997.

［6］王尧,陈庆英.西藏历史文化辞典［M］.拉萨:西藏人民出版社,杭州:浙江人民出版社,1998.

［7］东嘎·洛桑赤列.论西藏政教合一制度［M］.陈庆英,译.北京:中国藏学出版社,2001.

［8］恰白·次旦平措,诺章·吴坚,平措次仁.西藏通史简编［M］.北京:五洲传播出版社,2000.

［9］柴焕波.西藏艺术考古［M］.北京:中国藏学出版社,石家庄:河北教育出版社,2002.

［10］陈庆英,高淑芬.西藏通史［M］.郑州:中州古籍出版社,2003.

［11］彭英全.西藏宗教概说［M］.拉萨:西藏人民出版社,2002.

［12］张世文.藏传佛教寺院艺术［M］.拉萨:西藏人民出版社,2003.

［13］杨嘉铭,赵心愚,杨环.西藏建筑的历史文化［M］.西宁:青海人民出版社,2003.

［14］姜安.藏传佛教［M］.海口:海南出版社,2003.

［15］陈立明,曹晓燕.西藏民俗文化［M］.北京:中国藏学出版社,2003.

［16］恰白·次旦平措,诺章·吴坚,平措次仁.西藏通史——松石宝串(上)［M］.陈庆英,格桑益西,何宗英,许德存,译.拉萨:西藏古籍出版社,2004.

［17］陈秉智,次多.青藏建筑与民俗［M］.天津:百花文艺出版社,2004.

［18］汪永平.拉萨建筑文化遗产［M］.南京:东南大学出版社,2005.

［19］陈耀东.中国藏族建筑［M］.北京:中国建筑工业出版社,2006.

［20］萧默.天竺建筑行纪［M］.北京:生活·读书·新知三联书店,2007.

［21］谢小英.神灵的故事:东南亚宗教建筑［M］.南京:东南大学出版社,2008.

［22］张蕊侠,张建林,夏格旺堆.西藏阿里壁画线图集［M］.拉萨:西藏人民出版社,2011.

［23］图齐,魏正中,萨尔吉.梵天佛地:第二卷［M］.上海:上海古籍出版社,2009.

［24］图齐,魏正中,萨尔吉.梵天佛地:第三卷:第一册［M］.上海:上海古籍出版社,2009.

［25］图齐,魏正中,萨尔吉.梵天佛地:第三卷:第二册［M］.上海:上海古籍出版社,2009.

［26］图齐,魏正中,萨尔吉.梵天佛地:索引及译名对照表［M］.上海:上海古籍出版社,2009.

［27］廓诺·迅鲁伯.青史［M］.郭和卿,译.拉萨:西藏人民出版社,2003.

［28］蔡巴·贡噶多吉.红史［M］.东嘎·洛桑赤列,校注;陈庆英,周润年,译.拉萨:西藏人民出版社,2002.

［29］陈家璡.西藏森巴战争［M］.北京:中国藏学出版社,2000.

[30] 次旺俊美.西藏宗教与政治、经济、文化的关系[M].拉萨:西藏人民出版社,2008.

[31] 西藏民族学院.藏族历史与文化论文集[M].拉萨:西藏人民出版社,2009.

[32] 王辉,彭措朗杰.西藏阿里地区文物抢救保护工程报告[M].北京:科学出版社,2002.

[33] 索朗旺堆.阿里地区文物志[M].拉萨:西藏人民出版社,1993.

[34] 西藏自治区文物管理委员会.古格故城:上[M].北京:文物出版社,1991.

[35] 教育部人文社会科学重点研究基地四川大学中国藏学研究所,四川大学历史文化学院考古学系,西藏自治区文物事业管理局.皮央·东嘎遗址考古报告[M].成都:四川人民出版社,2008.

[36] 古格·次仁加布.阿里史话[M].拉萨:西藏人民出版社,2003.

[37] 常霞青.麝香之路上的西藏宗教文化[M].杭州:浙江人民出版社,1988.

[38] 扎洛.菩提树下:藏传佛教文化圈[M].西宁:青海人民出版社,1997.

[39] 霍巍.古格王国[M].成都:四川人民出版社,2002.

[40] 杜齐.西藏考古[M].向红茄,译.拉萨:西藏人民出版社,2004.

[41] 图齐.西藏宗教之旅[M].耿昇,译.北京:中国藏学出版社,2005.

[42] 大卫·杰克逊.西藏绘画史[M].向红茄,谢继胜,熊文彬,译.拉萨:西藏人民出版社,济南:明天出版社,2001.

[43] 罗伯尔·萨耶.印度—西藏的佛教密宗[M].耿昇,译.北京:中国藏学出版社,2000.

[44] 石泰安.西藏的文明[M].耿昇,译.北京:中国藏学出版社,2005.

[45] 梅·戈尔斯坦.喇嘛王国的覆灭[M].杜永彬,译.北京:中国藏学出版社,2005.

[46] 熊文彬,李逸之.西藏古格擦擦艺术[M].北京:中国藏学出版社,2016.

[47] 达仓宗巴·班觉桑布.汉藏史集[M].陈庆英,译.拉萨:西藏人民出版社,1986.

[48] 星全成.关于藏族文化发展分期问题[J].青海民族研究,1993(4):15-21.

[49] 才让太.再探古老的象雄文明[J].中国藏学,2005(1):18-32.

[50] 尊胜.分裂时期的阿里诸王朝世系:附:谈"阿里三围"[J].西藏研究,1990(3):55-66.

[51] 才让太.冈底斯神山崇拜及其周边的古代文化[J].中国藏学,1996(1):67-79.

[52] 霍巍.古格与冈底斯山一带佛寺遗迹的类型及初步分析[J].中国藏学,1997(1):83-101.

[53] 才让太.古老象雄文明[J].西藏研究,1985(2):96-104.

[54] 古子文.极地文化的起源和雅隆文化的诞生与发展[J].西藏研究,1990(4):89-102.

[55] 霍巍,李永宪.揭开古老象雄文明的神秘面纱:象泉河流域的考古调查[J].中国西藏,2005(1):40-44.

[56] 索南才让.论西藏佛塔的起源及其结构和类型[J].西藏研究,2003(2):82-88.

[57] 汤惠生.青藏高原的岩画与本教[J].中国藏学,1996(2):91-103.

[58] 杨正刚.苏毗初探(一)[J].中国藏学,1989(3):35-43.

[59] 霍巍.西藏考古新发现及其意义[J].四川大学学报,1991(2):88-96.

[60] 顿珠拉杰.西藏西北部地区象雄文化遗迹考察报告[J].西藏研究,2003(3):93-108.

[61] 霍巍.西藏西部早期文明的考古学探索[J].西藏研究,2005(1):43-50.

[62] 黄布凡.象雄,藏族传统文化的源头之一[J].中国典籍与文化,1996(1):12-14.

[63] 霍巍.中亚文明视野中的上古西藏:读张云《上古西藏与波斯文明》[J].西藏研究,2006(3):97-101.

[64] 格勒.拜访苯教故地[J].中国西藏,2004(5):40-41.

[65] 才让太.苯教的现状及其与社会的文化融合[J].西藏研究,2006(3):25-32.

[66] 才让太.苯教在吐蕃的初传及其与佛教的关系[J].中国藏学,2006(2):237-244.

[67] 柏景.藏区苯教寺庙建筑发展述略[J].西北民族大学学报(哲学社会科学版),2006(1):10-18.

[68] 冯学红,东·华尔丹.藏族苯教文化中的冈底斯神山解读[J].中国边疆史地研究,2008(4):110-115.

[69] 拉巴次仁. 藏族先民的原始信仰:略谈藏族苯教文化的形成及发展[J]. 西藏大学学报,2006(3):76-80.

[70] 罗桑开珠. 略谈苯教历史发展的特点[J]. 西北民族学院学报,2002(4):89-93.

[71] 康·格桑益希. 阿里古格佛教壁画溯源[J]. 民族艺术研究,2004(4):35-46.

[72] 郭亮. 犍陀罗艺术与中国早期佛教艺术[J]. 丝绸之路,2003(S1):78-79.

[73] 霍巍. 西藏西部佛教石窟壁画中的波罗艺术风格[J]. 考古与文物,2005(4):73-80.

[74] 马学仁. 藏传佛教艺术中的人体绘画比例法研究[J]. 西北民族学院学报,2003(1):120-126.

[75] 霍巍,李永宪. 东嘎皮央的石窟与壁画艺术[J]. 西藏旅游,2006(Z1):98-107.

[76] 马学仁. 佛像的产生与演变(下)[J]. 西藏艺术研究,2002(3):31-38.

[77] 刘慧. 笈多造像艺术风格研究[J]. 艺术教育,2012(3):123.

[78] 宫治昭,贺小萍. 犍陀罗初期佛像[J]. 敦煌学辑刊,2006(4):122-130.

[79] 马学仁. 犍陀罗艺术与佛像的产生[J]. 西北民族研究,2010(4):120-207.

[80] 胡彬彬. 论长江流域早期佛教造像的古印度影响[J]. 湖南大学学报(社会科学版),2011,25(5):117-122.

[81] 王幼凡. 试论中外美术交流的三次浪潮[J]. 湘潭师范学院学报(社会科学版),1999(2):83-85.

[82] 李逸之. 西藏阿里地区早期擦擦:古格遗址10—12世纪模制泥佛造像[J]. 西藏民俗,2003(3):60-62.

[83] 周菁葆. 西藏阿里古格佛教壁画中的人体艺术[J]. 艺术百家,2012(2):163-172.

[84] 克·东杜普. 西藏与尼泊尔的早期关系(七—八世纪)[J]. 西藏研究,1987(2):108-110.

[85] 克里斯汀·罗扎尼尼茨,王雯. 西喜马拉雅地区的早期佛教木刻艺术[J]. 西藏研究,2003(3):115-120.

[86] 张亚莎. 印度·卫藏·敦煌的波罗—中亚艺术风格论[J]. 敦煌研究,2002(3):1-8.

[87] 褚俊杰. 阿底峡与十一世纪西藏西部的佛教[J]. 西藏研究,1989(2):55-69.

[88] 石硕. 从《拔协》的记载看藏传佛教后弘期上、下两路弘传的不同特点及历史作用[J]. 西藏研究,2008(2):51-58.

[89] 戴发望. 后弘期西藏的政教合一制度[J]. 中国藏学,2006(3):48-52.

[90] 张长红. 西藏西部仁钦桑布时期佛教遗迹考察[J]. 西藏研究,2008(2):54-59.

[91] 格勒. 托林寺踏古[J]. 中国西藏(中文版),2004(4):21-25.

[92] 王松平. 西藏阿里象雄文化发掘与保护探析[J]. 西南民族大学学报,2011(9):38-41.

[93] 扎西龙珠,亚东·达瓦次仁. 阿里普兰一带是藏族文化的重要发祥地之一:访著名藏族学者土登澎措教授[J]. 西藏大学学报(社会科学版),2011,26(1):1-6.

[94] 黄博. 试论古代西藏阿里地域概念的形成与演变[J]. 中国边疆史地研究,2011(3):130-150.

[95] 黄布凡. 象雄历史地理考略:兼述象雄文明对吐蕃文化的影响[J]. 西北史地,1996(1):13-19.

[96] 杨铭. 羊同国地望辑考[J]. 敦煌学辑刊,2001(1):86-94.

[97] 郎维伟,郎艺. 中国古代藏族形成解析[J]. 民族学刊,2011(4):25-32,92.

[98] 中根千枝. 中国与印度:从人类学视角来看文化边陲[J]. 北京大学学报(哲学社会科学版),2007(2):143-147.

[99] 岗措. 多元文化交融的古格佛教艺术:评介《西藏西部的佛教史与佛教文化研究》[J]. 中央民族大学学报,2006(4):102-104.

[100] 李珉. 略论印度中期佛教艺术[J]. 南亚研究季刊,2004(3):82-94.

[101] 英卫峰. 试论11—13世纪卫藏佛教艺术中的有关波罗艺术风格[J]. 西藏研究,2008(4):34-41.

[102] 霍巍. 从考古材料看吐蕃与中亚、西亚的古代交通:兼论西藏西部在佛教传入吐蕃过程中的历史地位[J]. 中国藏学,1995(4):48-63.

［103］ 霍巍.西藏西部佛教石窟中的曼荼罗与东方曼荼罗世界［J］.中国藏学,1998(3):109-127.

［104］ 周晶,李天.藏式宗堡建筑在喜马拉雅地区的分布及其艺术特征研究［J］.西藏研究,2008(4):71-79.

［105］ 周晶,李天.拉达克藏传佛教寺院建筑地域性艺术特征研究［J］.西藏民族学院学报,2010(1):26-30.

［106］ 周晶,李天.喜马拉雅地区藏传佛教建筑的分布及其艺术特征研究［J］.西藏民族学院学报,2008(7):38-48.

后 记

　　本册图书是基于笔者自然科学基金课题的研究,亦是博士研究方向的延续及深入。该书以西藏西部地区后弘期宗教建筑为主要研究对象,梳理其历史背景和发展脉络,积累了大量测绘图纸、照片、复原模型等基础数据,在文献资料及图纸数据的基础上,探讨该地区宗教建筑的形成过程、建造理念、建筑布局、建筑空间、装饰艺术等特点,并发掘该地区宗教建筑与周边地区宗教文化、宗教建筑之间的相互影响,归纳总结不同文化折射在这些建筑上的表现。

　　笔者借助本册图书的出版,感谢国家自然科学基金委的立项资助、西藏阿里地区文物局的支持与帮助,以及导师汪永平教授、出版社编辑老师的辛勤付出。同时,也希望该图书能够为西藏文化的传播贡献力量。

宗晓萌

2019 年 3 月于南京